中国历代科技史

隋唐五代科技史

「彩图版」

张奎元 王常山 著

图书在版编目（CIP）数据

隋唐五代科技史 / 张奎元，王常山著．—上海：上海科学技术文献出版社，2022
（插图本中国历代科技史 / 殷玮璋主编）
ISBN 978-7-5439-8531-5

Ⅰ．①隋… Ⅱ．①张…②王… Ⅲ．①科学技术—技术史—中国—隋唐时代—普及读物②科学技术—技术史—中国—五代十国时期—普及读物 Ⅳ．① N092-49

中国版本图书馆 CIP 数据核字 (2022) 第 037063 号

策划编辑：张 树
责任编辑：王 珺
封面设计：留白文化

隋唐五代科技史
SUITANG WUDAI KEJISHI
张奎元 王常山 著
出版发行：上海科学技术文献出版社
地 址：上海市长乐路 746 号
邮政编码：200040
经 销：全国新华书店
印 刷：商务印书馆上海印刷有限公司
开 本：650mm×900mm 1/16
印 张：12.25
字 数：151 000
版 次：2022 年 8 月第 1 版 2022 年 8 月第 1 次印刷
书 号：ISBN 978-7-5439-8531-5
定 价：78.00 元
http://www.sstlp.com

contents

三 024-034

隋唐五代的数学

四 035-053

隋唐五代的农学

五 054–072
隋唐五代的地理学

六 073–098
隋唐五代的医药学

七 099-117

隋唐五代的水利

八 118-146

隋唐五代的建筑技术

九 147–156

隋唐五代的物理学和化学

十 157–165

隋唐五代瓷器的发展与技术进步

十一 166–185

隋唐五代的手工业技术

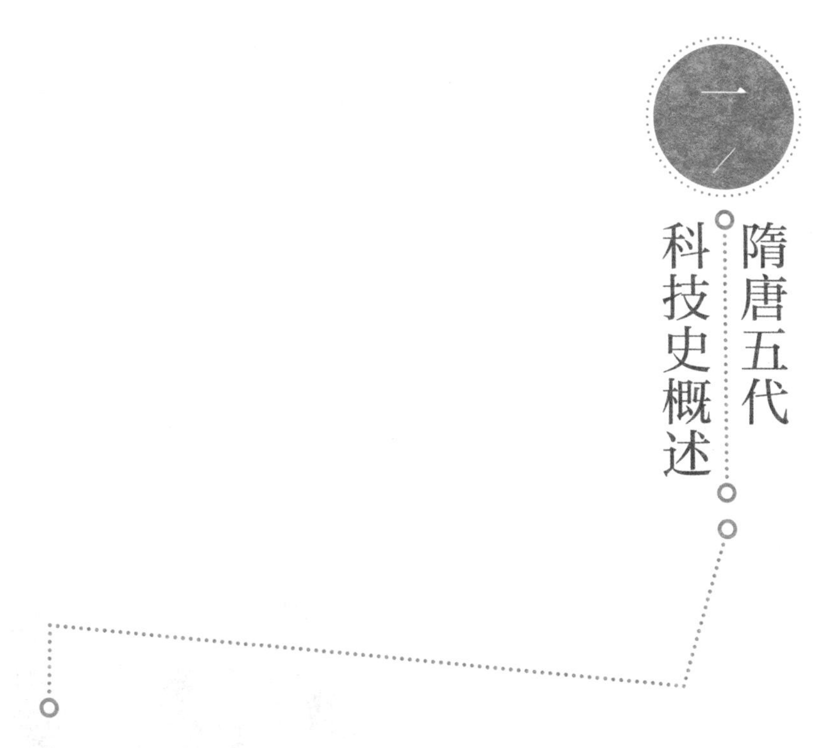

一、隋唐五代科技史概述

隋唐五代的科学技术，是隋唐五代文化结构中的重要部类之一。这一时期，正是中国古代科学技术高度发展的历史时期。尤其是唐代的科学技术水平和成就，远远地超过欧洲而居于世界前列。

（一）隋唐五代科技发展的前缘

中国是一个历史悠久的文明古国。在这个美丽富饶的国度里，聚集着勤劳智慧的各族儿女，涌现出一批又一批的优秀人才。他们在创造性的生产劳动和社会生活中。谱写了中国古代科技发展的光辉篇章。

中国古代的哲学思想非常活跃，先秦诸子，百家争鸣，人才辈出，风采各异。其代表人物有老聃、墨翟、庄周、荀卿、孔丘、孟轲等，后来还有韩非子、淮南子、董仲舒、玄奘、韩愈等。他们的观点和学说，形成了当时封建制度循序发展的思想体系。中国古代的史学研究也取得了伟大成就，孔子作《春秋》，左丘明修《左传》，司马迁著《史记》，班固编《汉书》，司马光撰《资治通鉴》……一大批重要史学创作建立和完善了中国史学研究的规范体系。古代的军事科学更是名闻遐迩，春秋时期孙武的《孙子兵法》和战国时期孙膑的《孙膑兵法》，都是世界军事科学上的经典著作，而杰出的军事人才更加难以胜数了。

中国的春秋战国时期，相当于欧洲的希腊雅典时期。这一时期，世界的科技发展处于多中心时代，中国、印度、巴比伦、埃及和希腊等国各自迎来了文化大繁荣，极大地促进了人类的进步。中古时期，巴比伦、埃及、希腊等国的文化相继衰落，而中华文化仍在蓬勃发展，居于世界领先地位，并于唐宋时期达到了中国古代科学技术发展的鼎盛时期。

（二）隋唐五代的科技发展概况

公元 581 年，隋文帝杨坚建立政权，结束了南北朝近 300 年的分裂局面。杨坚是一个开明的政治家，他果断地在政治和经济领域实施了改革，迅速巩固了新王朝的统治，极大地促进了农业生产的恢复及手工业和商业的发展。随着政治、经济的统一，社会意识形态也明显地趋于一致，有力地推动了思想文化的合流和中外交流的发展。在政治、经济、思想、文化全面发展的社会条件下，隋代的科学技术在建筑、数学、农学、水利、天

杨坚

杨坚是隋朝开国皇帝，他在位期间实行五省六部制，减轻赋税，推行均田制，对各族采取招安与军事防御并行策略，开创了“开皇之治”。

文、地理等领域，都获得了长足的发展。安济桥的落成、大兴城的兴建、大运河的开凿，充分显示出隋代在建筑科技方面取得的卓越成就；数学、农学、水利方面的成果，有力地推动了农业生产和交通运输的发展；《区宇图志》等方志成就，极大地丰富了我国古代的地理学宝库；刘焯等天文学家对定朔法的改进，为其后僧一行的深入研究奠定了基础。

公元618—907年，李唐是中国历史上国力最强大的封建王朝，拥有先进的农业、手工业、商业和科学技术水平。著名的天文学家僧一行，对天文学的发展做出了重大的贡献。著名数学家王孝通的《缉古算经》，是唐代数学成就的杰出代表；李约瑟博士在《中国科学技术史·数学卷》中评述："在唐代，王孝通成功地解决了三次数学方程。"唐代的农学异常活跃，畬田、圩田技术广泛普及，壮秧技术和茶的栽培技术、植桑养蚕技术、园艺和畜牧业蓬勃发展，生产工具不断得到改进且有所创新。以陆龟蒙的《耒耜经》、陆羽的《茶经》和韩鄂的《四时纂要》为代表，唐代的农学著作也空前繁荣，至今仍发挥着不可替代的科学作用。在地理学上，制图学得到了创造性的发展。以高僧王玄策、玄奘法师和杜环等人为代表的著名学者，在域外地理方面做出了巨大的贡献；而窦叔蒙的《海涛志》，则是我国现存最早论述潮汐现象的专著。唐代的医药学成就更加突出，无论在医科划分、古医典籍的整理和研究、病源症候学上，还是被后人尊为医圣的杰出医药学家孙思邈，都取得了显著的成就。在建筑科学方面，无论是长安城的都城建筑体系及其建筑水平、木结构建筑体系的确立，还是高层砖塔建筑技术的成就，都显示唐代在该领域的长足发展。此外，冶炼技术、采矿技术、造纸技术、雕版印刷技术、纺织印染技术和造船技术等重大的发明和成就，都对国际科学技术发展产生了巨大的影响。

五代十国的劳动人民，在半个世纪的岁月中饱经战患，丧失了科学发展的社会条件，仅在瓷器生产等个别领域取得了技术上的突破。

茶經卷上
一之源　竟陵陸羽撰
茶者，南方之嘉木也。一尺、二尺，乃至數十尺。其巴山峽川有兩人合抱者，伐而掇之。其樹如瓜蘆，叶如梔子，花如白薔薇，實如栟櫚，莖如丁香，根如胡桃。
其字或從草，或從木，或草木并。
其名一曰茶，二曰檟，三曰蔎，四曰茗，五曰荈。其地上者生爛石，中者生櫟壤，下者生黃土。凡藝而不實，植而罕茂，法如種瓜，三歲可採。野者上，園者次。陽崖陰林紫者上，綠者次；筍者上，牙者次；叶卷上，叶舒次。陰山坡谷者，不堪採掇。性凝滯，結瘕疾。茶之為用，味至寒，為飲最宜精行儉德之人。若熱渴、凝悶、腦疼、目澀、四肢煩、百節不舒，聊四五啜，與醍醐甘露抗衡也。採不時，造不精，雜以卉莽

《茶经》

《茶经》是中国乃至世界最早、最完整、最全面介绍茶的专著，被誉为茶叶百科全书。其将普通茶升格为一种美妙的文化艺术，推动了中国茶文化的发展。

（三）隋唐五代科技成果的基本内容

第一，隋唐五代在天文历法方面取得了显著的成就。隋代著名的天文学家刘焯编制的《皇极历》，运用等间距二次内插法计算日月的运行，岁差的准确值高于欧洲；他还提出了测量子午线长度的设想，否定了“影千里差一寸”的传统说法。唐王希明编辑而成的七字长歌《步天歌》广为流传，极大地促进了天文知识的普及。唐代徐昂的《宣明历》，测得黄道和赤道交角为23° 35′，与现代理论数值仅差0.5′左右。开元时期僧一行制订了《大衍历》，为后代历法家编历提供了固定的模式。一行还是实际测量子午线的创始人，并测得子午线每一度长为351.27唐里。

第二，隋唐五代在数学上，也取得了重要成就。隋代天文学家刘焯在制订《皇极历》时，首先创立了等间距二次内插公式，这是数学史上

的一个重大突破。唐代著名数学家王孝通，把毕生的精力都用在数学的研究上，他的最大贡献是在总结前人研究成果的基础上，创作了《缉古算经》。在这部算经中，他第一次提出了三次方程式的正根解法，对古代数学方程式理论做出了卓越贡献。唐高宗时，曾令太史令李淳风与算学博士梁述、太学助教王真儒等人注释十部算经。这十部算经是：《周髀算经》《九章算术》《海岛算经》《五曹算经》《孙子算经》《夏侯阳算经》《张邱建算经》《五经算术》《缉古算经》和《缀术》。“十部算经”对古代数学成果的推广和普及具有重要的意义。此后，还有名为《夏侯阳算经》的韩延算术，全书3卷共83个例题，多为地方官吏和普通百姓所常用的数学知识和计算技术。据史籍记载，这一时期的算学家，除了刘焯、王孝通、李淳风、僧一行外，还有陈从远、龙受益、边刚、刘孝孙等人，他们都在数学领域做出了一定的贡献。

第三，隋唐五代的农学特别发达，有着丰硕的成果。隋文帝采用北朝以来的均田制，极大地推动了农业生产的恢复和发展。唐王朝实行均田制和租庸调制，奖励垦荒，安定农民生活，发展农业生产，出现了“务在农桑”“时尚稼穑”和“勤于稼穑”的社会风尚。农业生产的蓬勃发展，也促进了农业技术的进步，精耕细作，整地保墒、扩展良田等农田管理技术取得了重大发展。当时，还科学地解决了引水、排水和灌溉的技术问题。唐代出现的曲辕犁“起拨特易，牛乃省力”，在古代犁耕史上具有划时代的意义。唐代的茶叶生产和制作技术都达到了很高的水平；陆羽编著的《茶经》是世界上第一部茶文化专著，对茶树的栽培、茶叶的采摘和加工制作都有较为详细的论述。在畜牧业方面，唐代采用引种杂交方法，开发出駃騠、骡等新畜种。其规模之大和成就之丰，在当时世界上堪称罕见，充分显示出古代牲畜育种科学的重大成就。李石编著的《司牧安骥集》，则是我国最早和最完整的兽医大典。其他如隋代诸葛颖的《种植法》、周思等人撰写的《兆人本业》、王旻的《山居要术》、韦行规的《保生月录》、李德裕的《平泉草木记》、段成式的《酉阳杂俎》、陆龟蒙的《耒耜经》、韩鄂的《四时纂要》等农学著作，使隋唐时期出现了异常繁荣的农学研究盛况。

第四，隋唐五代的地理学成就突出，在中国和世界地理史上占有重要地位。特别在方志的修著、制图学的丰富、域外地理知识的扩展，以及在潮汐成因、海陆变迁等自然地理的研究考察方面，都较前代有着明显的进步，从而为这一时期地理学的发展写下了光辉的篇章。隋大业年间，朝廷明令全国各地大规模编撰方志，并将全国各地上报的地志和图志，汇集编纂成全国总图志，如《区宇图志》就是中国历史上第一部官修的全国总地志。唐王朝设有专门负责掌管图经的官员，并规定全国各州、府每三年一造图经，当时有 50 多个州修有图经。全国性的地志和图志也有新的发展，其中肖德言的《括地志》、李吉甫的《元和郡县图志》、贾耽的《古郡国道县四夷述》、孔述睿的《地理志》等都很出色。隋炀帝时，裴矩奉命掌管西域贸易，将域内各国的地貌风情加以记载，并绘成图册，撰成《西域图记》；初唐王玄策三次出使印度，回来后撰有《西域行传》；贞观年间，玄奘西行取法，回来后写有《大唐西域记》；天宝年间，杜环在大食境内留居 10 年，后撰有《经行记》；后晋天福三年，高居海撰写了《行记》。这些著作的涌现，不但使制图学得到了飞速的发展，还填补了域外地理学方面的空白。此外，唐代的行政区划图、军事地图也有所突破，成为中国古代地理学上的杰作。我国有着广阔的海岸线，潮灾的防止和潮汐的利用至为重要。窦叔蒙在多年观察研究的基础上，撰写了《海涛志》；封演也对潮汐现象进行了研究，他在《说潮》中，详尽地描绘了潮汐逐日推移的规律。颜真卿的《抚州南城县麻姑山仙坛记》、白居易的《海潮赋》对于唐代在海陆变迁方面的认识作了生动的记载。对于黄河源头的考察，地下岩溶地形、海岸地形、沙漠地形等自然地理的认识，都取得了科学的结论。

颜真卿

颜真卿是唐代名臣、书法家，他与柳公权并称“颜柳”，与赵孟頫、柳公权、欧阳询并称“楷书四大家”。

第五，隋唐五代的医学成就至今仍盛传于世。隋朝名医巢元方的《诸病源候总论》，记述了多种疾病的病因、诊断、治疗和预防方法，反映出隋代的医药学已具有相当高的水平。当时的肠吻合、血管结扎、拔牙等外科手术，在整个世界上是没有前例的。唐代著名的医药学家孙思邈，毕生致力于医学，被人们称为“药王”。唐高宗时编著的《新修本草》，是世界上第一部由国家颁布的药典。唐代的针灸学已有相当高的水平，针灸挂图、图谱、灸疗专著大量增加，针灸疗法被正式列入国家的医学教育课程。此外，隋唐时期完善了医事制度，对医学典籍进行了系统整理和深入研究，对医科也有了科学的划分，藏医和中外医药交流也空前发展，造就了一个医学上的辉煌时代。

第六，隋唐五代的水利事业成就显赫。沟通五大水系的大运河，以其宏大的规模和高超的设计水平而载入史册。涪陵鱼石则是我国最早的“水位站”。唐代的引黄灌溉和关中平原灌溉系统的修复和改造，科学地解决了引水、排水和灌溉等重大课题，为人类的水利事业提供了宝贵的经验。

第七，隋唐五代的建筑技术取得了辉煌的成就。由隋代著名建筑家宇文恺主持修建的大兴城及洛阳城，唐代严密规划加以扩建的长安城，其设计思想合理，建筑规模宏大，皇宫、民居、坊里、市场、街道、水源、航运、绿化等各种功能均大大超越前代都城，产生了深远的影响。赵州桥造型奇特、设计精巧，至今仍是桥梁建筑史上的光辉范例。广泛应用的木结构建筑技术体系和高层结构建筑技术体系，推动了古代建筑事业的发展和壮大。

第八，隋唐五代的物理学和化学也有一定的成就。当时的科学家，对于声、光、热、磁等物理现象都有了深入的认识和研究，唐代制作的金属鱼洗和龙洗盆，就是运用了固体振动在液体中的传播和干扰的原理，当时的人们还掌握了消除共振和共鸣的知识和方法。唐代还掌握了人工制造和提取结晶硫酸钾的技术，对于彩虹的成因进行了探讨，孔颖达关于“若云薄漏日，日照雨滴则虹生”的表述，揭示了彩虹产生的原理，并且成功地进行了人工造虹的试验。在化学、化工方面，唐代的炼丹著作《太清石壁记》，记载有水银的制造方法。炼丹家们在实验中，发现硫、硝和炭三种物质的结合，可以制成火药，这就是我国古代四大发明之一的黑色火药。大约在晚唐时期，火药的配方转入军事家之手，这一技术的应用加速了火箭武器的出现。

第九，隋唐五代的瓷器生产盛况空前，其技术水平已达到炉火纯青的程度。隋代的青白瓷器在数量和质量上都取得了长足的进步，其他如黄、酱、绿等釉色的瓷器也很精美。唐代的制瓷技术飞跃发展，“千峰翠色”的越瓷、莹缜如玉的白瓷，都是凝结着高超技术的珍宝。那绝无仅有的“唐三彩”，其技术水平至今仍无以企及。五代连年荒乱，但是勤劳智慧的陶瓷匠师却创造出“雨过天青”的传世之宝，成为中国古代陶瓷发展史上的一大创举。

第十，隋唐五代的手工业技术高度发达，影响深远。这一时期，无论是手工业的生产规模，还是生产技术的发展，都达到了前所未有的程度。尤其是金属冶炼、造纸、纺织、印染、造船技术的成就，都远远地高出世界各国的水平，而雕版印刷的出现，又是唐代科技发展史上的一大创举，为人类的文明与进步做出了重大的贡献。

（四）隋唐五代科技发展的时代特征

中国古代的科技发展，在隋唐五代步入了鼎盛时期，那些出自天文历法、数学、农业、地理、医药、水利、建筑、物理、化学、陶瓷、冶炼、印刷、造纸、纺织、造船等科技领域的重大成果，远远地领先于同时期欧洲的水平，这就不是偶然的社会现象，而是有着深刻的文化内涵。

首先，隋唐五代的科技成果，是这一时期较为良好的社会环境的产物。

隋、唐建立初期，都在政治和经济领域进行了改革。国家采取奖励垦荒、发展农业生产的政策，在大规模地进行经济建设的同时，大力发展中外思想文化的交流，朝廷完善了科举制度，对科技人才委以重任，各种学科纷纷成为官修的内容。这些开明的举措，极大地激发了劳动人民的创造潜能，科技成果大量涌现，并且强烈地显现出这一时期特有的雄强伟大的豪迈气概。

盛唐所处的公元626—740年前后，正是欧洲最黑暗的年代，封建领主进行着野蛮落后的统治。他们割据领土、频繁征战，国家政权十分软弱，教会乘机兴起，拥有强大的政治权力，同时也垄断了文化知识，凡与教义不符的思想均被严禁，背离神学的书籍尽被焚烧，宗教裁判所操纵着生杀大权，科学发现被视为离经叛道，至高无上的神学成为禁锢人们思想的精神枷锁。

但在隋炀帝时期和“安史之乱”以后，封建贵族内部的矛盾激化，藩镇割据日益加剧，严重地破坏了社会环境，压抑着科技人才的出现和科技事业的发展。

其次，隋唐五代的科技成果，是对中国古代科技成就的继承和创造。中国古代的官方哲学信奉“天人合一”，推行“政治伦理主义”，维系着奴隶制帝国和封建制帝国的统治和压迫，在一定程度上阻碍了生产力的发展。但是，古代的劳动人民也坚信“人定胜天”，有着战天斗地的光辉业绩。隋唐五代的科学技术人才，全面继承前人的科技文化遗产，并且发展到了崭新的阶段。例如：唐代的蚕桑染织技术，就是对商周以来的养蚕、植桑、织帛、印染技术的总结、继承和提高；而体系庞大的“十部算经”，则是对周代以来历代数学成果的整理和发展；唐代的采矿冶炼技术，则是建立在商周的青铜冶炼、春秋战国以来冶铁技术的基础之上；古老的天文学，为唐代天文学的发展提供了丰富的经验；雕版印刷术的发明，又和汉代的造纸技术有着密切的联系；火药的出现，又是道家的一大贡献；而隋炀帝乘坐的巨大龙舟，其技术源流更为久远；规模宏伟的都城建筑，也凝结着殷商以来土木建筑的技术成果；隋唐那些大大小小的水利工程，则是“大禹治水”以来水利科学知识的成功运用……这些古老悠久的科技文明成果，是一座丰富的宝库。

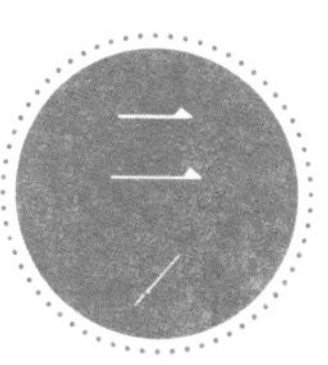

二、隋唐五代的天文历法

伴随着封建经济的发展，隋唐五代时期的天文历法取得了卓越的成就。

李淳风

李淳风是唐代天文学家、数学家、易学家，他是世界上第一个给风定级的人。其名著《乙巳占》是世界气象史上最早的专著，他和袁天罡所著的《推背图》以预言准确而著称于世。

唐政府设置太史局（或叫浑天监、司天台等），内置天文博士、历法博士、天文观生、历生等，掌管天文，制订历法。这一时期涌现出一大批优秀的天文学家，如刘焯、张胄玄、李淳风、僧一行、傅仁钧等。他们在总结前代天文历法研究成果的基础上，努力探索，不断创新。在天文测量、历法编纂、测量仪器的改进等方面取得了重大进展，谱写了光辉的篇章。

（一）定朔法的应用及历法的改进

准确推算合朔的时刻，一直是历法中的一个重要问题。在南北朝以前，由于人们还不完全知道日、月的视运动是不均匀的，在历法中一直采用平朔法来确定合朔时刻，用平气来定节气。也就是说用一个朔望月的平均日数确定合朔时刻，这种方法因其所取的分数不是过大就是过小，推算合朔发生的时刻不是提前就是推后，不能得到真正的合朔时刻。他们曾用调整分数的方法来解决这个问题，但是由于日、月的运动速度是随时间不同而变化的，因此都不能从根本上解决这一问题。平气也是同样，他们根据一年太阳行一周天，每天太阳行一度，一年是 365 度，认为每个节气日数也是相等的，推算出每气 15.2 日。这样定出的节气也不符合实际情况，会产生不准的问题。

公元 1 世纪，天文学家发现了月亮视运动的不均匀性，曾提出用月亮的实际运行情况来确定合朔时刻，即定朔法，但都遭到非难。关于平朔、定朔的争论十分激烈，多次反复，延续了数百年。北齐张子信经过多年的观察，发现了太阳的视运动也是不均匀的，提出“日行在春分后则迟、秋分后则速”（《隋书·天文志》）。这一发现对定朔法的应用起到了极大的推动作用，根据日、月的实际运行情况来确定合朔日期的定朔法应用势在必行。

刘焯（544—610），隋初著名的经学家、天文学家，字士元，信都（今河北冀州区）昌亭人。对数学和天文学有较深的造诣。“推步日月之经，量度山海之术，莫不核其根本，穷其秘奥。著《稽极》十卷，历书十卷，《五经述议》并行于世。”（《隋书·刘焯传》）他针对当时张宾制订的《开皇历》仍循古蹈旧的问题，曾多次向隋文帝、炀帝上书，批评现行历法，要求改制新历，并于公元600年编制了《皇极历》。他制定的《皇极历》是当时最好的一部历法。在《皇极历》中，他第一次同时采用日行和月行速度的不均匀性理论，用以推算五星位置和日、月食起讫时刻及食分等。用定朔法代替平朔法，这在我国历法史上是一个重大的突破。他还采用定气的方法，来计算日行度数和交令时刻。他推得春分、秋分离冬至各88日之多，离夏至各93日之多。尽管他给定的太阳运行快慢数值与实际不大相符，但一改过去的平气之说，是历法上的一大进步。对岁差的认识，也由于刘焯的努力，在隋代达到了一个新的高度。由于地球是一个椭圆球体，自转轴对黄道平面是倾斜的，地球赤道那里的突出部分受到日月等吸引而引起地轴绕黄极作缓慢的移动。大约2.6万年移动一周，由此产生了岁差现象。冬至点在黄道上大约每年西移50.2秒，就是71年8个月差1度。按我国古代所用的度数，也就是70.64年差1度。自晋代虞喜（330年前后）发现岁差，指出“使天为天，岁为岁”（《大衍历·历议》）后，岁差便在历法的计算上得到实际应用。祖冲之是第一个用它来改进历法的人，他实测得冬至点在斗15度，认为不到100年相差2度，得出45年11个月相差1度。刘焯在他的历法中使用75年差1度的岁差数值，已大大接近实际数值，这在当时是很精密的。而当时的西方仍沿用100年相差1度的数值。刘焯在岁差问题上，还提出黄道岁差的概念。在他之前的历法给出的岁差值都是属于赤道岁差，是由冬至点（或夏至点）赤道宿度的变化求得的。为了精确推算日月五星的行度以得定气和定朔，他曾测定了二十八宿的黄道度，并与东汉时代测定的数值进行比较，发觉其中有十一个宿的黄道度有了变化。他认识到这种变化是岁差引起的，曾指出：“岁久差多，随术而变。”（《隋书·律历志》）就是说，为了精确推算当时日、月、五星离冬至点的黄道积度，不能根据过去的而必须根据当时的二十八宿黄道度来归算。如果要推算过去或将来的行度，则必须先按岁差求得那时候的二十八宿黄道度。一行的《大衍历》接受了刘焯推算黄道日度的原理。刘焯还在推算交食时第一次考虑视差对交食的影响，也就是在地球表面观测天体和在地心观测天体所产生的天体位置差，这在当时都是十分可贵的创见。刘焯编制的《皇极历》，当时因受到太史令张胄玄和张宾等人的排斥，未能施行，但他对天文历法学的贡献却没有埋没。

在唐代享国289年的岁月中，历法先后变更了8次。《旧唐书·历志》记载“但取戊寅、麟德、大衍三历法”。这确实是三部有价值的历法。

唐初傅仁钧制订的《戊寅历》于武德二年（619）颁行。这是我国第一部采用定朔法正式颁行的历法，是我国历法史上的重大改革。

贞观十九年（645）以后，因采用戊寅历出现连续四个大月的情况，反对用定朔的历家认为这是不应有的现象，又改用平朔。至麟德二年（665），李淳风以刘焯的《皇极历》为基础加以改进，再用定朔，颁行了《麟德历》。《麟德历》对过去定时分“有章、蔀，有元、纪，有日分、度分，参差不齐”（《新唐书·历志》）的情况加以统一，简化了计算过程。为避免连续出现几个大月或几个小月的情况，采用临时变通调整的方法，并在无中气的月份置闰月，在当时受到好评。

开元九年（721），因《麟德历》所推算的日食不准，唐玄宗命僧一行重新造历。一行全面研究了我国历法的结构，并且参考了当时天竺国（印度）的历法，在此基础上大胆创新，于开元十五年（727）编制了闻名中外的《大衍历》。一行是极为严谨的天文学家，他经过认真测量，得出冬至附近日行最快，所以二气之间的时间最短，夏至附近日行最缓，所以二气之间的时间最长。指出了正确的日行快慢规律，纠正了刘焯的错误。他又测知从冬至到春分六个定气间共 88.89 日，日行一象限；从春分到夏至六个定气间共 91.73 日，也行一象限；秋分前后和春分前后情况相同。根据明代授时历实测，从冬至到平春分前三日（定春分），日行一象限，需 88.91 日；从平春分前三日到夏至 93.71 日，日也行一象限；秋分前后相同。可见一行测量的数据是相当精确的。宋代科学家沈括曾说："开元《大衍历》最为精密，历代用其朔法。"《大衍历》从唐中叶到明朝末年，使用了 800 余年。唐时，日本留学生吉备真备把《大衍历》带到日本，在日本广泛流传使用，影响很大。《大衍历》共分七篇：一、步中朔，即计算平朔望、平气；二、步发敛术，计算七十二候；三、步日躔术，计算每天太阳的位置和运动；四、步月离术，计算月亮的位置和运动；五、步轨漏，计算每天见到天空的星象和昼夜时刻；六、步交会术，计算日月食；七、步五星术，计算五大行星的位置和运动。在一行以前，历代编写历法，格式不一。自《大衍历》后，一直遵循这种格式，直到明末吸收西方历书的特点才有所改变。可见《大衍历》在我国历法史上的重要地位，一行也因此成为唐代最伟大的天文学家。

在唐德宗建中年间（780—783），民间曾出现一种《符天历》，系天文学家曹士蒍所编。它以显庆五年（660）为历元，不用上元积年。它以雨水为气首，以一万为基本天文数据的分母，也即把数据化为十进小数，从而大大减轻了计算工作，也简便易行。但不为当时一般历官所重视，被贬称为"小历"，只在民间受到欢迎，曾流行于唐末、五代直到宋朝的好几百年之间。历法，本是封建统治权的象征之一，在我国古代一般是不许可各地颁行与中央不同的历法。但由于当时的藩镇割据，中央的历书已不能遍及全国，而人民的生产生活又必须有历书，这就为民间历书的流通创造了条件。

（二）一行及其对子午线的测定

僧一行（683—727），魏州昌乐人，俗名张遂。从小刻苦好学，聪慧过人，“博览经史，尤精历象、阴阳、五行之学”（《旧唐书·一行传》）。因不愿结交权贵武三思而出家为僧，隐居于河南嵩山。出家之后，仍勤奋攻读，求师闻教，在天文、数学等方面造诣很深。公元717年，因当时行用的《麟德历》出现误差，被唐玄宗强召入京，令其“考前代诸家历法，改撰新历”。一行以极其严肃认真的态度，深入实际，大胆革新，在天文历法学方面做出了卓越的贡献，把我国古代的天文历法研究推向一个前所未有的高度，成为隋唐时期最伟大的天文学家。

僧一行

僧一行原名张遂，唐代僧人，唐人还称呼他为“一公”。他是唐代著名的天文学家，也是风水学家。

一行的主要贡献，一是和梁令瓒合作，制成了观测天象的铜浑天仪和黄道游仪；二是在天文观测中发现了恒星移动的现象；三是制订了沿用800年之久的《大衍历》；四是组织在全国各地测量日影，客观上实施了对地球子午线的测定。这些都是旷世的工作，尤其是对地球子午线的测定，这在全世界还是第一次。

我国古代的历法不但包括了对年、月、日的安排，而且还包含了日、月食的预报，各个节气日的昼夜时刻长度等。这些项目都跟观测地球的纬度有关。开元十三年（725），在一行的倡议下，唐政府派南宫说等人到全国13个地方进行观测。观测的项目包括：这一地点的北极出地高度，冬至、夏至和春秋分日太阳在正南方向的时刻八尺高表的影子长度。在这次测量中，以南宫说等人在今河南省的四个地点进行的一组最重要。他们除了测量北极高度和日影长度外，还测量了这四个地点之间的距离。这四个地点是：白马、浚仪、扶沟和上蔡，它们的地理经度几乎完全相等，误差很小。一行根据这些地点实测所得的数据算出：从白马到上蔡，距离相差 526 里 270 步（唐代尺度一步等于 5 尺），夏至日表影的长度差 2 寸挂零。这一次观测再一次证明古代流传的“南北地隔千里，影长差一寸”的说法是错误的。“千里一寸”的说法，早在公元 442 年（南北朝宋文帝元嘉十九年）就被天文学家何承先所否定了。但是何承先却认为，影差一寸的任意两地，其间南北距离的差总是相等的。这个说法意味着地是平的，结论自然是错误的。隋代刘焯就曾否认这个说法，提出影差和南北距离差的比率不是常数，但他仅是估测，没有实测。一行根据南宫说等人的实测证实了刘焯、李淳风的说法是正确的。他完全放弃了“地隔千里，影差一寸”的概念，而代之以北极高度差 1 度，南北距离差多少的概念。根据南宫说等人的实测，一行求出南北两地间距离相差 351 里 80 步，北极高度相差 1 度。我国唐制 1 里等于 300 步，一步等于 5 尺，1 尺约合 24.525 厘米，1 度等于 365.2565—360 度。换算为现代单位，即为南北相距 131.11 千米，北极高度相差 1 度。这实际就是测量地球子午线上 1 度的长度。按现代测量的结果，在纬度 35 度处，子午线 1 度长为 110.94 千米。一行所得的数据比现代测量的数字偏大 20.17 千米，虽然误差大了一些，但它是世界上第一次对地球子午线长度的实测，具有划时代的意义。西方国家最早关于子午线的测量，是于 814 年在美索不达米亚地方举行，比我国实测晚了 90 年。一行这次测量的地理范围，南到北纬 17 度线的林邑（今越南中部一带），北到 52 度线的铁勒回纥部（位于现在蒙古国乌兰巴托西南的喀拉和村遗址附近）。中经朗州武陵（今湖南常德市）、襄州（今湖北襄樊市）、太原府（今山西太原市）和蔚州横野军（今河北蔚县东北）等13处。其规模之大也是史无前例的。一行生活在儒、佛、道等思想盛行的年代，又是一个僧人，他力行实践，并尊重实践的结果，这是很可贵的。通过这次测量活动，他还初步认识到在很小范围有限的空间得到的认识，不能任意不加分析地扩展到很大甚至是无限的空间去使用，这在我国科学思想史上是一个进步。正如他所说："古人所以恃句股之术，谓其有征于近事。故未知目视不能远，浸成微分之差，其差不已，遂与术错。"（《旧唐书·天文志》）

一行组织的这一次大规模的天文测量活动，开创了我国通过实际测量认识地球的途径，把地球子午线的测量同地面距离结合起来，从中寻找出接近实际的变化规律。彻底推翻了"千里差一寸"以地平推算宇宙半径的荒谬观点，从而为制订新的历法提供了较为科学的依据，也为后来的大地天文测量提供了基础。一行这次测量的实践活动和数据成果，很可惜没有引起更多人的重视；根据浑天说中地球如鸡子的猜想，一行和他的同事们如果具有更大胆的精神，完全有可能推算出地球的大小了。由于受历史的限制，我们可以看到，他们把目标过于放在数据的精确性方面，而没有把所得的材料从整体方面综合起来思考，没有去思考大地和日、月、星之间的确切关系和根本运动规律。而当时的哲学家们也把主要精力放在文化性的事物方面，论述天人关系，即使是牵涉到宇宙和天的问题，他们也对天文学家的计算数据乃至新的发现不够注意。唐后期的刘禹锡（772—842）和柳宗元（773—819）对天的问题很关心，分别写了《天论》和《天说》，但他们不过是从朴素的唯物论出发，指出天命论的错误，从没有考虑大地和日月星辰的结构问题，只把日月星辰的排列运行和山崩地裂等自然现象看成与神和人事无关而已，但于天体结构则相去甚远。唯有一行在天文史上率先测知子午线这一伟大功勋，才是永远不会磨灭的。

刘禹锡

刘禹锡出生于河南郑州荥阳，唐朝文学家、哲学家，有“诗豪”之称。人们熟知的《陋室铭》是刘禹锡的代表作。

柳侯祠

柳侯祠位于广西壮族自治区柳州市中心柳侯公园内，始建于1906年，是柳州人民为纪念唐代著名的政治家、思想家、文学家柳宗元而建造的。

（三）浑仪的改进与测天精度的提高

浑天仪是我国古代研究天文的唯一测器。自汉以来，天文学家都以制造浑天仪为其首要任务，其制造技术不断改进提高。浑天仪制造技术的提高，也使测量天文常数的精度进一步提高。

隋文帝时，耿询（字敦信，丹阳人）就曾改进、试造浑天仪，“不假人力，以水转之”与天象密合。他还曾制作十分精巧的“马上刻漏，世称其妙”（《隋书·耿询传》）。

唐初李淳风鉴于当时北魏造的铁浑仪不够精密，因而立意改革，于贞观七年（633）造了一架新型的浑天黄道铜仪。同时写了《法象志》一书7卷，论述“前代浑天仪得失之差”。李淳风所造的浑仪在前人基础上作了重大改进，它吸收了北魏铁浑仪设有水准仪的优点，“下据准基，状如十字”。进一步把浑仪由两重改为三重，就是在六合仪和四游仪之间再安装一重三辰仪。李淳风把张衡浑天仪的外面一层，由地平圈、子午圈和赤道圈固定在一起的一层称为六合仪，因为中国古时把东西、南北、上下六个方向称为六合。把里面能够旋转用来观测的四游环连同窥管，称为四游仪。在这两层之间新加的三辰仪是由三个相交的圆环构成。这三个圆环是黄道环、白道环和赤道环。黄道环用来表示太阳的位置，白道环用来表示月亮的位置，赤道环用来表示恒星的位置。古时把日、月、星称为三辰，所以称该仪器为三辰仪。三辰仪可以绕着极轴在六合仪里旋转；而观测用的四游仪又可以在三辰仪里旋转。这样就可直接用来观测日、月、星辰在各自轨道上的视运动。由于黄白交点在黄道上有较快的移动，李淳风在黄道环上打了249个小洞眼，每过一个交点月，就把白道环移过一对洞眼，较好地解决了实际的需要。浑天仪用三层，是从李淳风开始的。经这样改进后，黄道经纬、赤道经纬、地平经纬都能测定。

李淳风黄道浑仪的研制成功，是对天体产生新认识的结果，标志着我国古代在天文学研究方面进入了一个新的阶段。

一行在开元九年（721）接受修订新历后，提出直接观测太阳视运动的要求。但当时由于李淳风的黄道浑仪亡佚，“官无黄道游仪，无由测候”。一行和另一位天文学家梁令瓒合作，制成了铜浑天仪和黄道游仪。

铜浑天仪是在汉朝浑天仪的基础上加以改进制成的。一行为了使铜浑天仪能自己转动，应用了古代计时漏壶滴水的原理，在仪器上安装一个齿轮，用漏壶滴水的力量推动齿轮，齿轮带动浑天仪绕轴旋转，每天转动一周，用水力运转仪器反映天体现象。其中还安装有自动报时器，“立二木人于地平之上，前置鼓以候辰刻，每一刻自然击鼓，每辰则自然撞钟”（《旧唐书·天文志》）。整个造型构思精巧，结构精细，在天文钟的发明制作和机械工艺史上都是一个大创造。

黄道游仪是在李淳风黄道浑仪基础上加以改进的。先是用木试制，后用铜铁浇铸。铜游仪于开元十三年（725）造成，唐玄宗“亲为制铭，置于灵台以考星度”。黄道游仪制作时，在赤道环和黄道环上每隔一度都打上洞，使黄道环也可以沿赤道环转动，白道环也可以沿黄道环移动，成为“动合天运，简而易从”的天文观测仪器。

由于天文仪器的改进和人们艰苦的探索，这一时期的天文测量和天象记录等方面也取得了辉煌的成果，天文常数的测量精度也进一步提高。如隋代张胄玄的《大业历》（公元608），在五星位置的推算上给出了令人惊叹的五星会合周期的准确值，其中火星误差最大，为0.011日，木星和土星的误差均为0.002日（2.88分），水星仅差0.001日（1.44分），而金星则达到密合的程度。又如这一时期的十余种历法中所用交月点的长度同理论推算值之间的差异，绝大多数均在1秒以下。近月点长度值的误差为1.5秒左右，达到了中国古代历法史上精确度的高峰。关于交食周期的数值，也达到了十分精确的程度。郭献之的《五纪历》（公元726）中采用716个朔望月122次食季的交食周期，这同19世纪末西方的所谓纽康周期是相等的。以后边冈的《崇玄历》（893）使用了3087个朔望月有526食季的交食周期，由此推算得交食年的长度为346.6195412日，这同理论推算值仅有14秒的误差。再如徐昂的《宣明历》（822）所用的黄赤交角值为23° 34′ 55″，仅比理论值小37″。

一行用他制造的仪器在唐开元十二至十三年（724—725），重新测定 150 余颗恒星的位置，同时也测量了二十八宿距离北极的度数，经过测量，他们发现与前代测量的数据有很大差异，从而推断出恒星在天体上的位置也在缓慢地移动，并不像古人认为恒星位置是永恒不动。早在唐初贞观年间（627—649），李淳风为修《麟德历》而进行的观测中，就已发现了二十八宿距星间的距度有变化，但他在这个问题上陷入保守。而一行则在自己的历法中革除了沿用几百年的陈旧数据，改用自己测定的数据。这在世界天文史上是第一次。1718 年，英国天文学家哈雷测量恒星的黄道度和古希腊不同，提出恒星移动的理论，这已比一行的观测结论晚近 1000 年了。在敦煌发现的唐代星图上标有 1350 颗星，是当今世界上留存星数最多而又最古老的星图。这份绘于 8 世纪初的星图，从 12 月开始，按照每月太阳的位置，分 12 段把赤道带附近的星，用圆筒投影的方法画出来，再把紫微垣画在以北极为中心的圆形图上。据分析它可能是更早星图的抄本，但也表明了我国古代测天成就达到相当高的高度。敦煌星图于 1907 年被英国人斯坦因带走，现存英国伦敦博物馆内。

在天象记录方面，也留下了十分珍贵的记录。如唐代对彗星的记载：仪凤元年（676）7 月丁亥，“有彗星于东井，指北河，长三尺余。东北行，光芒益盛，长三丈，扫中台，指文昌”。记录的不仅形象逼真，而且位置准确。《新唐书·天文志》中还记录有彗星分裂的现象，如唐“乾宁三年十月，有客星三，一大二小，在虚、危间，乍合乍离，相随东行，状如斗，经三日而二小星先没，其大星后没”。记录得非常细致。

由于这个时期天文科学的发展，天文知识的普及也出现繁荣的局面。唐初王希明所作的《步天歌》，以七字一句的诗歌形式专门介绍陈卓星图中 283 个星官、1464 个星辰的知识。它把全天分为 31 个天区，即后世流传的所谓“三垣二十八宿”的分区法。这种对星空的区分方法，一直沿用到近代，这也是《步天歌》的创造。每个天区绘有星图，配上诗句，便于人们对照和背诵。是一部普及天文知识的优秀著作，对古代普及天文学知识起了很大作用。

隋唐五代时期，由于社会相对稳定，经济日趋繁荣，农业、手工业和商业取得长足发展，加之编制新历法、开筑大运河和城市大规模建设等的需要，促进了这一时期数学的发展。出现了王孝通的《缉古算经》这样有成就的著作和刘焯、僧一行等人在天文历法计算方面的突破。另外在数学教育的开展、数学知识的普及和计算技术的改进等方面也比前代有明显的进步，这些为后来宋、元时期的数学大发展奠定了基础。

（一）数学教育的开展和“十部算经”的注释

隋统一中国后，结束了南北分裂的局面，经济出现了繁荣景象，国家开始大规模的经济建设。经济的发展，引起了国家对数学教育的重视。隋代在国子监中设置算学，置博士 2 人，助教 2 人，学生 80 人，开展数学教育。并在科举考试中设立了明算科。由国家创办数学教育，这在我国历史上还是第一次。唐朝建立后，继承隋朝制度。据《贞观政要》记载："贞观二年（628）大收天下儒士"，"书算各置博士学生，以备众艺"。显庆元年（656），唐在国子监设置算学馆，计有"博士 2 人，助教 1 人，学生 30 人"。据《唐六典》记载，由算学博士"掌教文武官八品以及庶人之子为生者"。主要学习"十部算经"。"习《九章》《海岛》《孙子》《五曹》《张邱建》《夏侯阳》《周髀》《五经算》十有五人，习《缀术》《缉古》十有五人"，并兼习《数术记遗》和《三等算》。学习期限规定："《孙子》《五曹》共限一年业成，《九章》《海岛》共三年，《张邱建》《夏侯阳》各一年，《周髀》《五经算》共一年，《缀术》四年，《缉古》三年"。考试也分科举行，计《九章》三帖，《海岛》《孙子》《五曹》《张邱建》《夏侯阳》《周髀》《五经》等七部各一帖，谓之一组。又一组为《缀术》七帖，《缉古》三帖。显庆三年（658），高宗李治"诏以书、算、明经，事唯小道，各擅专门，有乖故实，并令省废"（《唐会典》卷 65）。废算学馆并把博士以下人员并入太史局。至龙朔二年（662）在国子监重设算学。另外唐在地方还设有都督府、州、县学，并允许私人办学，各种学校除必学儒学经典外，还学习各种专业。唐中叶，国子监有学生 8000 多人，地方州县学生达 60000 多人，均有算学课程设置，可见唐代数学教育的兴盛情况。

在国家重视教育的同时，隋唐政府还十分重视对图书典籍的整理工作，曾先后大规模地组织人力抄写、整理前代散失的著作。为满足数学教育的需要，唐高宗时曾令太史令李淳风与算学博士梁述、太学助教王真儒等注释十部算经，作为国学教科书。

李淳风，岐州雍人（今陕西凤翔），明天文、历算、阴阳之学，唐高宗时任太史令。现在传本的《算经十书》每卷的第一页上都题“唐朝议大夫、行太史令、上轻车都尉臣李淳风等奉敕注释”。这十部算经是:《周髀算经》《九章算术》《海岛算经》《五曹算经》《孙子算经》《夏侯阳算经》《张邱建算经》《五经算术》《缉古算经》《缀术》。其中除王孝通的《缉古算经》是初唐作品外，其余都是以前的作品。这些著作，过去由于传抄不一，注述庞杂，错误较多。李淳风等人认真校对，一一整理，对其中错误予以澄清。如传本《周髀》，由赵爽注、甄鸾重述。李淳风根据实际观测，修正了经文和他们注释的错误，指出《周髀》以“地差千里，影差一寸”的假定作为算法的根据是脱离实际的。赵爽用等差级数插直法推算二十四节气的表影尺寸，不符合实际测量结果。甄鸾对赵爽的“句股圆方图说”多有误解等。又如《海岛算经》原本是刘徽附于《九章算术》之后的“重差”一卷，原著解题方法文字概括不易理解。李淳风等详细指明了解题中的演算步骤等。这些都为当时及后人的学习和研究提供了方便。正是由于李淳风等人的注释，又经政府规定为教科书，才使这十部算经得以流传至今。但是李淳风等人的注释工作也存在明显的缺点和错误，如没有认识到刘徽割圆术的意义，甚至轻视刘徽的发现，这是不对的。也有的注解质量并不是很高。尽管如此，这毕竟是一件古代数学的总结工作，对推动数学教育的开展和数学知识的普及具有重要意义。

数学教育的开展和数学知识的普及，无疑对当时的社会生产起了推动作用。隋唐五代时期出现了许多令世人皆叹的宏伟壮丽工程和精妙绝伦的制造技术，这些都与数学知识的发展和应用是分不开的。

但是由于传统思想的支配，统治阶级对经史治国的过分依赖，历代帝王不会把数学教育提高到应有的地位，随着封建统治内部矛盾的加深，对数学的重视也只能是每况愈下。唐时国子监原有算学学生 30 人，至天宝以后，学校益废，生徒流散，贞元前后（约 800）六馆已亡其三。至元和二年（807）更定员额，西京书算馆各 10 人，东都算馆仅 2 人而已。而且算学学生的社会地位非常低微，国子监博士的官阶是正五品上，而算学博士的官阶是从九品下，所以杜佑的《通典》中说："士族所趋唯明经、进士二科而已。"这种"明经至上"的封建教育机制，不但未能使算学得到应有的支持，反倒成为算学发展的桎梏。大约至晚唐，明算科的考试便早已停止。

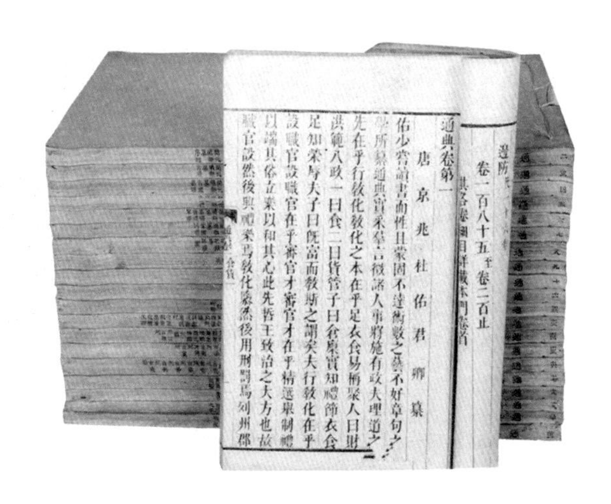

《通典》

《通典》为唐代政治家、史学家杜佑所撰，专叙历代典章制度的沿革变迁，是中国历史上第一部体例完备的政书，"十通"之一。

（二）王孝通和《缉古算经》

王孝通，唐代初期数学家。由于资料所限，其籍贯身世、生卒年代都不可详考。根据《旧唐书》《新唐书》以及《唐会要》的记载，王孝通出身于平民，少年时期便开始潜心钻研数学，在天文历算方面造诣很深。唐高祖武德年间（623 年前后）担任算学博士，奉命与吏部郎中祖孝孙校勘傅仁钧制订的《戊寅历》，提出异议 30 余条，被提升为太史丞。

王孝通把毕生的精力都用在数学的研究方面，称得上是这一时期最

王孝通

王孝通毕生喜好数学，对《九章算术》和祖冲之的《缀术》都有深入研究。

伟大的数学家。他的最大贡献是在总结前人研究的基础上，撰写了《缉古算术》。后因被列为十部算经之一，改称为《缉古算经》。在这部书中，王孝通第一次提出并解决了开带从立方法，即求三次方程式的正根解，是我国现存最早的开带从立方的算书，在我国古代数学史上是一个突破。李约瑟在他的《中国科学技术史·数学卷》中曾这样描述："在唐代（公元 7 世纪），王孝通成功地解决了三次数学方程"，"在欧洲，斐波那契（公元 13 世纪）是第一个提出王孝通那类问题的解法的人。有理由认为，他可能是受到东亚来源的影响。"

《缉古算经》全书二十问，第一问是有关天文历法的计算问题，可用算术解答。第二至十四问是立体问题，是以三次方程解答的问题。第十五至二十问是勾股问题，是以三或四次方程解答的问题。全书每问之后都有术文，说明方程各项系数的解法，在一些重要术文之后，都有王孝通的自注。注文一般是说明立术或建立方程的理论根据及运算过程。如书中第二问为：“假令太史造仰观台，上广袤少，下广袤多。上下广差二丈，上下袤差四丈，上广袤差三丈，高多上广一十一丈。甲县差一千四百一十八人，乙县差三千二百二十二人，夏程人功常积七十五尺，限五日役台毕。羡道从台南面起，上广多下广一丈二尺，少袤一百四尺，高多袤四丈。甲县一十三乡，乙县四十三乡，每乡别均赋常积六千三百尺，限一日役羡道毕。二县差到人共造仰观台，二县乡人共造羡道，皆从先给甲县，以次与乙县。台自下基给高，道自初登给袤。问台道广、高、袤及县别给高、广、袤，各几何。”

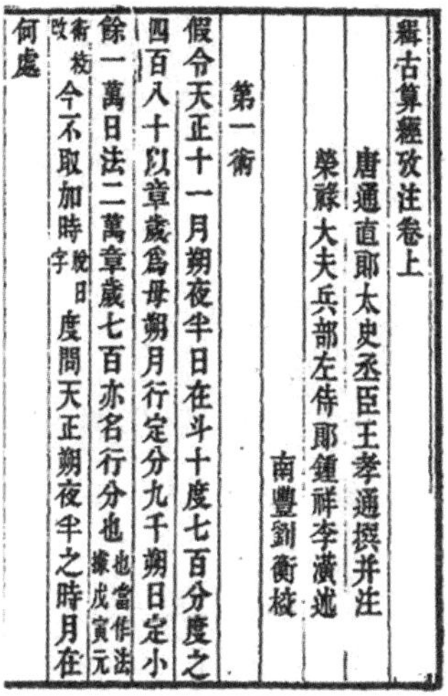
緝古算經攷注卷上
唐通直郎太史丞臣王孝通撰并注
榮祿大夫兵部左侍郎鍾祥李潢述
南豐劉衡校
第一術
假令天正十一月朔夜半日在斗十度七百分度之四百八十以章歲爲母朔月行定分九千朔日定小餘一萬日法二萬章歲七百亦名行分也也當作法據戊寅元衡校改今不取加時字晚日度間天正朔夜半之時月在何處

《缉古算经》内文

《缉古算经》是唐代算经十书之一，是国子监的算学课术，对后世有深远影响。

关于仰观台和羡道的计算方法，王孝通给出四种计算方法：第一术是求仰观台高、广、袤术；第二术是均给积尺受广袤术；第三术是求羡道广、袤、高术；第四术是求羡道均给积尺，甲县受广、袤术。其中第二术术文为：“以程功尺数乘乙县人，又以限日乘之，为乙积。三因之，又以高幂乘之，以上下广差乘袤差而一，为实。又以台高乘上广，广差而一，为上广之高。又以台高乘上袤，袤差而一，为上袤之高。又以上广之高乘上袤之高，三之为方法。又并二高，三之，二而一，为廉法，从。开立方除之，即乙高。以减本高，余，即甲高。此是从下给台甲高。又以广差乘乙高，如本高而一，所得，加上广，即甲上广。又以袤差乘乙高，如本高而一，所得，加上袤，即甲上袤。其甲上广、袤即乙下广、袤。台上广、袤即乙上广、袤。其后求广、袤，有增损者，皆放此。”术文之后，王孝通自注为：“此应三因乙积，台高再乘，上下广差乘袤差而一。又以台高乘上广，广差而一，为上广之高。又以台高乘上袤，袤差而一，为上袤之高。以上广之高乘上袤之高为小幂二。乘下袤之高为中幂一。凡下袤、下广之高即是截高与上袤，上广之高相连并数。然此中幂定有小幂一，又有上广之高乘截高为幂一。又下广之高乘下袤之高为大幂二。乘上袤之高为中幂一。其大幂之中又有小幂一，复有上广、上袤之高各乘截高为幂各一，又截高自乘为幂一。其中幂之内有小幂一，又有上袤之高乘截高为幂一。然则截高自相乘为幂二，小幂六。又上广上袤之高各三以乘截高为幂六。令皆半之，故以三乘小幂。又上广上袤之高各三，今但半之，各得一又二分之一，故三之二而一。诸幂乘截高为积尺。”

根据术文，例为现代方程式，即为：

$$\frac{3Bh^2}{(c-a)(d-b)}=3\cdot\frac{ha}{c-a}\cdot\frac{hb}{d-b}\cdot h_x+\frac{3}{2}\left(\frac{ha}{c-a}+\frac{hb}{d-b}\right)+h_x^2+h_x^3$$

关于王孝通写作《缉古算经》的目的，他在《上缉古算术表》（约626）中称：“伏寻《九章》商功篇有平地役功受袤之术，至于上宽、下狭，前高后卑，正经之内阙而不论。致使今代之人不达深理，就平正之间同欹邪之用。斯乃圆孔方枘，如何可安。臣昼思夜想，临书浩叹，恐一旦瞑目，将来莫睹，遂于平地之余，续狭斜之法，凡二十术，名曰《缉古》。”可以看出，王孝通是依据《九章算术》的算法，结合实际，创造性地编造了一些立方体积问题，用于解决一些土木工程的计算问题。他建立的三、四次方程及其解法，虽然依据几何的性质，只限于正解，但在我国古代数学发展史方面仍不失为辉煌的成就。就当时已有的数学水平而言，如何列出合乎题解需要的三次方程，是一个很困难的问题，直到宋元时期的“天元术”出现之后，这个问题才得到解决。

（三）二次内插法的建立

公元 206 年，刘洪在《乾象历》中首次提出一次内插法后，三国时期的杨伟，南北朝时期的何承天、祖冲之都是用一次内插法来计算日行度数。由于日、月视运动的不均匀性，用一次内插法所行的结果与实际误差很大。随着天文观测的进步，天文学家又发现了太阳视运动的不均匀性，因而要求有更精确的计算方法来推算日、月及五星运行度数。

公元 600 年，隋代的天文学家刘焯在制订《皇极历》时，首先创立了等间距的二次内插公式，这是我国数学史和天文学史上的一个重大突破。刘洪应用的一次内插公式为：$f(n+s)=f(n)+s\Delta$ [其中 Δ 是一级差分 $=f(n+1)-f(n)$]。而刘焯的二次内插公式就比刘洪的一次内插公式精密得多。刘焯的二次内插公式为：

$$f(nl+s)=f(nl)+\frac{s}{l}\left(\frac{\Delta_1+\Delta_2}{2}\right)+\frac{s}{l}(\Delta_1-\Delta_2)-\frac{s^2}{2l^2}(\Delta_1-\Delta_2)$$

[$0<s<l$，$\Delta_1=f(nl+l)-f(nl)$，$\Delta_2=f(nl+2l)-f(nl+l)$]

求太阳的视行度数时，l 是一节气的时间；求月行度数时，l 为一日的时间。利用这一公式计算所得到的历法精度大大提高。但是由于节气 l 实际上不是按等间距变化，日、月、五星也不是等加速运动，因此仍然存在缺点。为了提高历法的精确度，唐代著名天文学家僧一行在公元 727 年，创立了不等间距的二次内插公式，不等间距二次内插公式为：

$$f(t+s)=f(t)+s\frac{\Delta_1+\Delta_2}{l_1+l_2}+s\left(\frac{\Delta_1-\Delta_2}{l_1-l_2}\right)-\frac{s^2}{l_1+l_2}\left(\frac{\Delta_1}{l_1}-\frac{\Delta_2}{l_2}\right)$$

($l_1\neq l_2$，$s<L$)

当 $l_1 = l_2$ 时，和刘焯的等间距二次内插公式相同。一行较好地解决了与实际较大误差问题，利用这个公式编制的《大衍历》在推算日、月、五星运行度数方面比以前进了一大步，也使我国的天文历算大大走在世界的前列。晚唐时的徐昂在公元 822 年制订《宣明历》时，所用的内插公式比一行的公式形式更为简单。

二次内插法的建立，标志着我国天文历算学进入一个新的里程。

（四）数学计算技术的改进

这一时期数学的进步，还表现在计算技术的改进方面。

《数书九章》

《数书九章》在数学内容上颇多创新，是对《九章算术》的继承和发展。它概括了宋元时期数学的主要成就，标志着中国古代数学的高峰。

从李淳风等注释十部算经（公元 656）以后，到南宋秦九韶《数书九章》（1247）以前，这 592 年中唐宋人的数学著作，现在都没有传本。只有一本韩延的算术书，因被冠于《夏侯阳算经》之名得以流传下来，从而保存了一些珍贵的史料。《韩延算书》约成书于公元 774 年前后，全书 3 卷共计 83 个例题，除少部分例题和《五曹算经》《孙子算经》相同外，其他都是结合当时的实际需要，为地方官吏和普通百姓提供适用的数学知识和计算技术。根据史料记载，这一时期的算学家，除已介绍的刘焯、王孝通、李淳风、僧一行等人外，还有陈从远、龙受益、边刚、刘孝孙等人。据《宋史·律历志》记载："唐试右千牛卫，胄曹参军陈从远著《得一算经》，其术以因折而成。取损益之道，且变而通之，皆合于数。”南宋王应麟《玉海》称：“江本撰《三位乘除一位算法》二卷，又以一位因折进退，作《一位算术》九篇，颇为简约。”元代胡省三据《新唐书·历志》注《通鉴》称“刚（边刚）用算巧，能驰骋反覆于乘除间，由是简捷超径等接之术兴”。《新唐书·艺文志》记载：“贞元（785—804）时人龙受益《算法》二卷。”《宋史·艺文志》记录：龙受益著有《算法》二卷，《求一算术化零歌》一卷，《算范要诀》二卷。虽然这些著作都没有流传下来，我们无法确切知道它们的具体内容，但不难看出，这一时期实用算术有了很大发展，人们积极从事计算技术的改进，在简化筹算乘除的演算手续，减轻数字计算工作方面取得了很大成绩。

古代的筹算乘除法都要排列上、中、下三层算筹。乘法，列乘数于上、下层，乘积列于中层。除法列被除数于中层，除数于下层，商数列于上层。演算手续相当繁重。唐代劳动人民为了简化演算手续，想尽方法使乘除可以在一个横列里演算。在《韩延算术》中就有许多设法在一个横列里演算乘除的例子，如“课租庸调”章“求有闰年每丁（庸调）布二端（1端=5丈）二丈二尺五寸法：置丁数七而七之，退一等，折半”。如果设该地区丁数是 α，每丁应纳庸调布为2.45端，α 丁共纳端数为 $\alpha \times 2.45$，韩延算法采用 $\alpha \times 7 \times 7 \div 10 \div 2$ 代替 $\alpha \times 2.45$，就可以在一个横列里演算了。又如当时兴起的“得一算法”或叫“求一算法”，当乘数的第一位数码是1时，用“加法”来代乘，除数的第一位数码是1时，用“减法”来代除。对乘除的第一位数码不是1时，把乘数或除数加倍或折半，使它的第一位数码变成1，同时对被乘数或被除数作相应的变化，然后用“加法”或“减法”代替乘或除，从而化简乘除的运算工作，并使之能在一个横列里演算。

除此之外，在十进小数的推广应用方面，也有了一定进展。古人记数，碰到整数以下的奇零部分，通常用分数表示。虽然，汉代的刘徽在他的《九章算术注》“少广章注”中曾主张用一位或多位十进小数表示无理数平方根或立方根的奇零部分，但这个超时代的宝贵意见并没有被一般数学工作者采纳。而且它的推广应用还很迂回曲折和缓慢。唐中宗时，太史丞南宫说撰《神龙历法》(公元705)，创用百进小数来记数据的奇零部分，以1日为100“余”，1“余”为100“奇”。如“期周365日，余24，奇48”就是一回归年为365.2448日；“月法29日，余53，奇6”就是一朔望月为29.5306日。唐代宗时，《韩延算术》将一文以下的钱币单位用十进位推广到分、厘、毫、丝、忽五位，这些都是明显的进步。

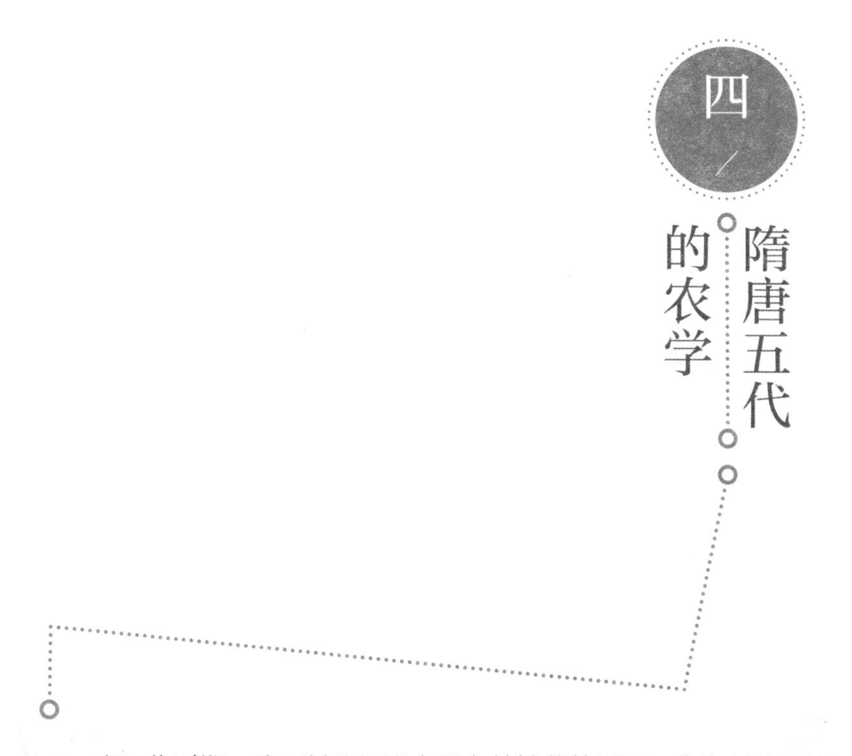

隋唐五代时期，我国封建经济出现空前繁荣的局面，作为封建经济之本的农业也有了长足的进步和发展。劳动人民在继承前代丰富的农业生产技术成就基础上，不断地总结农业生产实际经验，丰富农作物的栽培品种和技术，逐步形成农、林、牧、副、渔全面发展的农业体系。这一时期，北方经济在获得恢复和发展的同时，又由于战乱遭受很大破坏。南方经济却相对得到迅速的发展，以南方水田耕作栽培技术的发展为主，构成了这一时期农业生产技术发展的主要特色。不论是在精耕细作方面，还是在农田机具的改进创新、各种作物的栽培技艺等方面，都比前代有了较大的进步，把我国古代发达的农业技术又向前推进一步。

（一）畲田的出现和圩田的扩大

畲田，是指焚烧田地里草木，用草木灰做肥料的耕种方法。隋唐之际，由于封建统治阶级实行了较为宽松的农业政策，又鼓励人民开垦荒地，使农业生产迅速得到恢复和发展，出现了“耕者益力，四海之内，高山绝壑，耒耜”（《元次山集·向进士第三》）的局面。随着人口的大量增加，原有的耕地已不能满足需要，于是“田尽而地，地尽而山”，人们便向山地开荒，畲田出现了。

关于畲田的记载，在唐人的诗词中多有反映，如杜甫有“斫畲应费日”（《杜诗分类集注》卷七）之句；元稹有“田仰畲刀少用牛”及“田畴付火罢耘锄”（《元氏长庆集》卷 21）之句；白居易有“灰种畲田粟”“春畲烟勃勃”（《白氏长庆集》卷 10、卷 19）之句；刘禹锡有“照

白公祠

白公祠位于重庆忠县，是为纪念中国唐代伟大诗人白居易而修建的祠堂。

山畲火动”，“火种开山脊”（《梦得集》卷3、卷8）之句；等等。说明当时开垦畲田已十分普遍。

畲田，也就是烧榛种田。其造田方法是：在初春时斫木；在雨季前用火焚烧斫下的草木，借其灰作肥料，而后乘热土下种，播粟、麦于灰中，雨后即滋生，不用耘锄，即可丰收。经过三年后，土壤肥力耗尽，不能耕种，再让草木萌发，逐渐恢复地力，别烧旁山草木之地进行种植。

畲田的出现，运用了草木灰可以肥禾麦的生产经验，标志着我国农业开始向山地丘陵发展，是农业上山记录的开始。“无灰不种麦”的农谚也一直流传到现在。

圩田，是人们利用濒河滩地、湖泊淤地过程中发展起来的一种农田。早在春秋时期，我国劳动人民就已从治水中得到启发，利用堤防来治洼地。但那时不过是用筑土堤来挡水，后来的圩田已经发展成为利用堤岸、涵闸、沟渠建成相应的水利灌溉工程保护耕地。这种圩田，在唐中叶以前，发展比较缓慢，中唐以后才在南方迅速发展起来，尤其是到了五代时期的吴越（907—960）发展规模较大，据记载：“每一圩方数十里如大城，中有河渠，外有门闸，旱则开闸引江水之利，潦则闭闸拒江水之害，旱潦不及，为民美利。”（范仲淹《范文正公集·奏议上》）唐代在浙西还设有营田司负责堤防堰闸之事，每年派人巡查江河湖道，清理淤浅，有效地保证了圩田的开发利用。圩田的开发有效地解决了南方河滩湖泊淤地的利用问题，有效促进了农业丰产。

（二）水田生产工具的改进和创新

这一时期，由于北方先进生产工具的传入和当地生产经验的积累，水田生产工具也有了改进和创新。

在耕作工具上，出现了江东犁、水田耙等。

长江流域原来使用的耕犁是直辕的，这一时期改成了曲辕，由于它首先是在长江下游地区得到应用和推广，又被称作江东犁。据唐代陆龟蒙在《耒耜经》中记载，这种犁是由 11 个用木和金属制作的零件组成，全长约 4 米，犁长 40 厘米，宽 20 厘米，犁壁长、宽都是 33.3 厘米，犁底长 133.2 厘米、宽 13.3 厘米，犁辕长 3 米。和过去的直辕犁相比，有了以下改进：（1）犁辕短曲，操作时灵巧省力；（2）增加了犁评，可以调节耕地的深浅；（3）犁梢与犁底分开，可以根据犁梢摆动的幅度，调节耕垡的宽度；（4）犁辕前面有能转动的犁槃，便于耕畜牵引时犁身能自由摆动或改换方向；（5）犁壁竖于犁铧之上，两者不成连续曲面，既便于碎土，又便于形成窜垡。这种犁的出现是我国耕犁的一大进步，标志着我国古代耕犁的制造技术已臻于成熟。其调节深浅、宽窄的工作原理，直到今天的机引铧式犁还在采用，其形体和结构与今天的中式犁差不了多少。江东犁的出现，极大地提高了农业劳动生产率和提高耕地质量。这种犁 18 世纪时传入欧洲，在欧洲近代犁的改进进程中也发生了重大影响。除犁外，还有一种新的整地工具铁塔在这时出现，用它掘土，比牛耕还深些，很适合缺牛少耙的小农使用。

除耕犁和铁塔外，唐代还有两种平整土地的农具在陆龟蒙的《耒耜经》中有所记载，一是耙，用来破碎土块，平整地面，镇压除草之用，形同北方的旱地耙，很可能是北方旱地耙演变而来。陆龟蒙在《耒耜经》中讲："耕而后耙，渠疏之义，散坺去芟（音山，草名）者焉。"二是砺礋和碌碡，均为镇压器，用以敲碎土块，碎土松土用。陆龟蒙在《耒耜经》中说："爬（耙）而后有砺焉，自爬（耙）至砺礋皆有齿，碌碡觚棱而已，咸以木为之，坚而重者良。"由于碌碡和砺礋打混泥浆的质量不是很高，到了宋代就被耖所替代，耖是一种上有横柄，下有列齿的水田农具，具有“疏通田泥”的作用。从而，水田的土壤耕作就形成了“耕—耙—耖—套”技术措施，这是南方水田生产精耕细作化的又一个标志。

耙

耙是农业生产中传统的翻地农具，现如今在农村还能见到。

排灌工具这时也有很大发展，除普遍使用前代的辘轳、翻车之外，隋唐时期还出现了筒车和井车。

筒车，是一种借助水力，转动车轮，取水灌田的工具。唐代陈廷章写过一篇《水轮赋》，描述它的运转情况及功能，刘禹锡在《汲机记》中也叙述河岸住宅利用它汲水以供灌溉的情况。《杜诗镜铨》引李寔注释说：“川中水车如纺车，以

筒车

筒车也称“水转筒车”。它是一种以水流作动力，取水灌田的工具。利用湍急的水流转动车轮，使装在车轮上的水筒自动戽水，进行灌溉。筒车发明于隋而盛于唐，是中国古代人民的杰出发明。

细竹为之，车骨之末，缚以竹筒，旋转时，低则舀水，高则泻水。”这种巧妙利用水力，解决岸高水低、水流湍急地区的灌溉方法，有着重大的意义。唐王朝为了发展农业生产，太和二年（828）曾令京兆府造水车，散给百姓，以供灌溉之用。

井车，属于平地灌溉的工具，在井上使用。唐代刘禹锡在《何处春深好》一诗中说：“接比栽篱槿，咿哑转井车。”不仅提到井车，还描写了井车运转的声音。井车实际上是辘轳的发展，它由许多水斗组成一条汲水长链，装在一个大的立齿轮上，立齿轮与另一个齿轮相啮合，由动力推动齿轮旋转，井水就会源源不断提取上来。

（三）秧田的设置和壮秧技术的形成

水稻育秧移栽的历史很早，汉代崔寔的《四民月令》中就有“五月可别稻及蓝”，别稻，就是移栽水稻，但当时是指北方陆稻移秧栽培。唐中叶以后，由于北方遭到严重破坏，国家财政经济收入越来越依赖于南方。随着米谷需求量的增大，为了提高稻谷单位面积的产量，在北方陆稻育秧栽培技术的启发下，南方开始推广和设置秧田，从直接播种于大田，变为先播种于秧田，再移栽于大田，这是农业技术的一项进步。这项技术一是能达到节约用水，扩大栽培面积的目的；二是便于管理，便于壮秧技术的使用，从而达到丰产的效果。尤其是对于后来形成的二熟制的推广普及更具重要意义。当时在唐人的一些诗句中可见设置秧田、育秧移栽的一些情况。如杜诗的“插秧适云已，引溜加灌溉”，描写四川育秧移栽的情况。白居易的诗句“泥秧水畦稻，灰种畲田粟”“水苗泥易耨，畲粟灰难锄”，描写江州和杭州等地的生产情况。足见育秧移苗生产技术的推广已很普遍。

由于育秧移栽技术的推广使用，原有的水稻整地、施肥、中耕、除草、排水、灌溉措施都有了变动。在整地方面，由于移栽的关系，都经过水整，秧田、稻田已经作畦作埂，使土壤平整成块，便于下种及移栽。尤其是秧田，开始总结出一些壮秧技术。例如，接种要“先看其年气候早晚、寒暖之宜，乃下种，即万不失一”。播种过早，秧苗会受寒潮伤害，冻害秧苗，造成烂秧；播种晚了，耽了农时，也育不成壮秧。秧田水层管理，要保持往来活水，避免冷水死水。秧田面积也不宜过大，以免水层深浅不匀，管理不便。水层也不能太深或过浅，深了浸没苗心，秧苗容易萎黄；浅了，泥皮容易晒干发硬，秧苗不能很好生长。施肥要用发酵腐熟后的肥料，不能用生肥，因为“生者立见损坏”，等等。

秧田的设置和壮秧技术的推广使用，大大提高了水稻单位面积产量，为农业的丰收创造了条件。同时也为稻麦二熟制的形成奠定了基础。这一时期，秧田虽然在南方已经建立，但大都为一熟的粳稻，水旱轮作的稻麦二熟在一些温暖的地方虽已出现，但真正形成和推广还是在宋代以后。

（四）南方蚕桑业的普及和发展

隋唐五代时期，在农业生产各部门中，蚕桑业是仅次于粮食作物的生产部门。我国是世界上最早养蚕、织丝的国家，大约在公元前 2000 年，劳动人民就已经掌握了栽桑、养蚕、缫丝织绸的技术，经过漫长岁月的发展，形成了十分发达的蚕桑业，其发展规模也很大，丝织品不仅满足国内富裕阶层人民的需要，而且大量用作朝廷馈赠佳品，并且远销世界各地，使中国成为有名的“丝国”。

唐中叶以前，我国的蚕桑业主要在黄河流域，以河南为最，河北次之，四川、淮南、江南更次之。当时每户配给 50 株桑树种植的任务，据隋大业二年（606）统计，全国农户约有800万户，应有桑树4亿多株，约生产丝500余万斤，生产规模是很大的。在桑树的栽培技术方面，已经开始运用营养繁殖的压条法解决种苗的大量供应问题。在播种育苗方面，已经比较细致地运用选椹、畦种、育苗、移栽、截条、剪枝等技术措施，对采叶的时间、数量和部位也都有了比较详细的规定。并且培育出桑树的不同品种。但那时的南方，仍以种麻为主，以生产麻葛布著名，虽有少数蚕桑区，但技术和数量远不及北方。公元756年以后，北方由于部落叛乱和长期不断的军阀混战，大部分城市和乡村都遭到破坏，人口大量南移，农桑多废，促使南方经济发展起来。据唐李肇《国史补》记载："初，越人不工机杼，薛兼训为江东节制，乃募军中未有室者，厚给货币，密令北地取织妇以归，岁得数百人，由是越俗大化，竞添花样，绫纱妙称江左。"

由于北方的技术传入南方，加之丝织物绢、帛、绫等需要的增加，大大刺激了南方种桑养蚕业的发展。在普及的基础上，南方的蚕桑业很快超过北方。公元893—978年，南方丝织业发达的浙江地区，有时一次输出绫、罗、锦、绮达28万余匹，色绢79.7万余匹。不发达的福建地区对外输出锦、绮、罗也有3000匹。晚唐以后，机织手工业开始脱离蚕桑业而独立，使绢帛的生产量大大增加。绢帛生产量的增加，需要扩大蚕桑业的种植面积和优化种植技术。为提高每亩桑园的产量，当时的人们开始育成了叶肉厚、花椹少、树体生长快的湖桑品种，并开始运用嫁接技术培育桑苗，采用剪定方式控制桑树的生长期等，一直延续至今。

（五）茶的种植和栽培技术

我国是茶的发祥地，茶树的发现和利用至少有四五千年的历史。

起初茶是作药用，写作“荼”。唐以后才改名为“茶”。“茶”字最早见于《唐本草》(659)，至中唐以后，所有茶字意义的“荼”字都变成了“茶”字。茶树生育的基本条件是要有温暖和湿润的气候，因此茶树适宜生长在南方，而不宜于北方。在唐以前，饮茶还是北方少数封建统治阶级和士大夫的事情，还没有成为民间的普遍饮料，产量也不很大。到了唐朝，由于农业的发展，社会的富足，饮茶之风逐渐兴起，茶叶的生产和加工，也逐渐成为农业和农产品加工的一个重要组成部分，至德宗建中四年（783）建立茶税制度，茶税便成为国家一项重要赋税来源。当时茶叶的产量充足，不仅可满足国内人民的需要，而且还源源不断输往西亚和非洲。

根据唐代陆羽的《茶经》和《四时纂要》记载，这一时期茶树的栽培技术主要有：

茶树

中国的西南部是茶树的起源中心。茶树材质细密，其木可用于雕刻，叶子可用来制茶，种子可以榨油，喜欢温暖湿润气候。

（1）选择丘陵地。茶树的种植宜选择丘陵地并且南向或东南向的斜坡，以利阳光照射。由于茶树幼苗怕强烈光照，还须有林木为其遮阴。即所谓“阳崖阴林，紫者上，绿者次；笋者上，牙者次；叶卷上，叶舒次；阴山坡谷者，不堪采掇”（陆羽《茶经》）。

（2）选择土壤。《茶经》说：“（茶树）上者生烂石，中者生砾壤，下者生黄土。”所谓“烂石”是指岩石风化不久而形成的土壤，排水良好，持水率高，通气孔多，营养丰富。这种土壤使茶树生长良好，制茶品质最佳。黄土的土质黏重，肥分贫瘠，茶树生长不茂，制茶品质最差，至今茶农还称黄土为“死黄泥”。

（3）依法种植。种植方法形似种瓜，据《四时纂要》记载：“二月中于树下或北阴之地开坎，圆三尺，深一尺，熟劚，著粪和土，每坑种六七十颗子，盖土厚一寸，强任生草不得耘。相去二尺种一方，旱即以米泔浇。”即采用“丛植”，先挖一穴，每穴播茶籽若干粒，丛间距离视气候温度、土地肥沃以及丛本数多少来定。当茶苗出土后，选适当时间进行间苗、除草、灌溉、施肥、修剪、整枝等。

（4）适时采摘。《茶经》上说，生长的茶树“三岁可采”。采茶在二、三、四月之间，生长在“烂石”沃土的肥芽，长到四五寸长，早晨带露水采。生长在薄瘠土的瘦芽，长出三枝、四枝、五枝后，选择最好的中枝采，并且规定“其日有雨不采，晴有云不采”。对种子的收藏，《四时纂要》中也记载：“熟时收取子，和湿沙土拌，筐笼盛之，穰草盖。不尔，即乃冻不生，至二月出种之。”说明当时对茶树的栽培和采摘积累了相当的经验，其中沙藏催芽法至今仍有实用价值。

在制茶技术方面，唐代发明了“蒸青”制法，把古老的制茶技术向前推进了一步。唐以前的饼茶青草气味很浓，为了去掉青草气味，人们经过反复研究和实践，把采回的鲜叶，用蒸气杀青，捣碎，制成茶饼，然后烘干。陆羽的《茶经·三之造》中说明这种方法为："晴采之，蒸之，捣之，拍之，穿之，封之，茶之干矣。"制造蒸青团茶，既要达到内质变化的"制"，又要达到外形观的"造"，是争分夺秒，差之毫厘、失之千里的技术措施，不易掌握恰当的适度。蒸青技术的优点在于杀青迅速而均匀，降低制茶的苦涩味。唐时，日本僧人来我国留学带去了蒸青技术。《茶经》记载的蒸青方法和制茶用具，现在仍然广泛使用。日本、东欧及印度的绿茶制法，也还都是蒸青制法。

由于茶树栽培和制茶技术的进步，茶叶的品质比以前有了很大提高。唐苏颂曾说：春中始生嫩叶，蒸焙去苦水，末之仍可饮，与古所食殊不同也。由此，更促进了饮茶风气的形成。中唐时，北方饮茶已经相当普及，江南大批茶叶长途运往北方。据封演《封氏闻见记》载，开元中（728年左右），"自邹、齐、沧、棣，渐至京邑城中，多开店铺煮茶卖之，不问道俗，投钱取饮"，"其茶自江淮而来，舟车相继，所在山积，色额甚多"。足见饮茶的普及和茶叶的产量已经非常丰饶。同时还出现了许多名茶品种。据李肇所著的《唐国史补》（820年左右）记载："风俗贵茶，茶之名品益众，剑南有蒙顶、石花，或小方，或散芽，号为第一。湖州有顾渚之紫笋，东川有神泉、小团、昌明、兽目，峡州有碧涧、明月、芳蕊、茱萸簝，福州有方山之露芽，夔州有香山，江陵有楠木，湖南有衡山，岳州有邕湖之含膏，常州有义兴之紫笋，婺州有东白，睦州有鸠坑，洪州有西山之白露，寿州有霍山之黄芽，蕲州有蕲门团黄，而浮梁之商货不在焉。"可见茶业已达到十分兴旺的程度。

（六）园艺和畜牧业的进步

隋唐五代时期，由于对外交流的扩大，社会日益富庶，人民生活的改善，对各种瓜果蔬菜需求的增加，大大促进了园艺业的发展。据不完全统计，当时栽培的果树种类不下70种，蔬菜也有30种之多。而且专业化的种植是这一时期园艺经营中的一个突出特点。在栽培技术方面，还有不少创新。如唐诗人王建在《宫词》中描写说："酒幔高楼一百家，宫前杨柳寺前花，内园分得温汤水，二月中旬已进瓜。"这后两句讲的就是利用温泉水栽培瓜果，说明当时人们已经学会利用温泉提高地温，促进瓜果蔬菜的早熟。另据《四时纂要》记载，当时人们已会运用人工栽培的技术，生产食用菌，这种方法是："畦中下烂粪，取构木可长六七尺，截断槌碎，如种菜法于畦中匀布，土盖、水浇，长令润如初。"这是一种段木栽培，用覆盖、浇水的方法，来为菌子的繁殖创造温湿条件。但是，由于当时人们还不知道人工接种，所以采用的是"有小菌子，仰杷推之，明旦，又出，亦推之"的办法，帮助菌种扩散，借以培养大菌。直到元代，才有人工接种的技术出现。

公元6世纪出现的梨树嫁接技术，这一时期又推广应用到其他果木上，促进了果木业的发展。柑橘蜡封保鲜技术在隋代已经出现。据《隋书·五行志》记载："文帝好食柑，蜀中摘黄柑，以蜡封其蒂献之，香气不散。"花卉的栽培在这一时期也呈现兴旺景象，牡丹原系野生，唐代开始为人工栽培，有"自唐则天以后，洛阳牡丹始盛"之说。当时的花卉种类也比较繁多，牡丹、芍药、菊花、兰花等都是著名的花卉。不仅人工栽培花卉，而且出现了盆花盆景艺术，陕西乾县唐代章怀太子墓中，就已有侍女捧盆花的绘画。唐阎立本《职贡图》中已有将山石置浅盆中的记载，可以说这是我国山水盆景的发端。

唐代的养马业也相当发达，唐在各地盛兴牧马，以养马为重心兼

章怀太子墓

章怀太子是唐高宗李治和武则天的次子，在高宗的子女中是较有才的一个。其墓中壁画五十多幅，保存基本完好。其中“打马球图”和“狩猎出行图”显示了唐代高超的绘画水平。

及驼、牛、羊、驴等，并设有专门机构来管理，是为官牧。据《新唐书·兵志》记载，从贞观到麟德（627—665）的40年中，先后养马70万匹之多，同时还建立了马籍，作为选育良马之用。

为了合理地利用饲料，唐政府还规定了家畜的饲料供给标准。据《唐六典》记载，其供给标准为“凡象，日给藁六围，马、驼（骆驼）、牛各一围，羊十一共一围；蜀马与驴各八分其围，骡四分其围，乳驹、乳犊共一围，青刍倍之。凡象日给稻、菽各三斗，盐一升；马粟一斗，盐六勺，乳者倍之；驼及牛之乳者，运者各以斗菽，田牛半之；驼盐三合，牛盐二合，羊粟、菽各升有四合，盐六勺”。同时还规定：“象、马、骡、牛、驼饲青草则日粟、豆各减半，盐则恒给。饲禾及青豆者，粟、豆全断。若无青草，可饲粟、豆，依旧给。”这个饲料标准，已注意到不同的家畜采用不同的标准。同一种家畜，其体型、年龄及生理和

驴

驴是马科马属动物，奇蹄目。相较马，头大耳长，胸部稍窄。耐粗放，不易生病，多作力畜。

骆驼

骆驼，被称为“沙漠之舟”，极能忍饥耐渴。背上有 1—2 个较大驼峰，内贮脂肪。

使役情况不同，饲料的供给标准也不同；同时有无粗料、精料的供给标准也不同；并且注意适量喂盐。这在当时，可以说是相当完备的饲养标准，也体现了畜牧技术达到了较高的水准。

（七）农学著作的繁荣

随着农业生产技术的进步，作物栽培种类和品种增多，这一时期农学著作也出现繁荣的局面。从现留存的目录来看，大约有 20 余种，超过了以往各时期。而且从内容和体裁上，突破了过去单一综合性的论述，专业类农书增多。据《旧唐书·经籍志》记载，隋代诸葛颖撰写的《种植法》，长达 77 卷，篇幅较大。此后，则天皇后垂拱二年（686）召集文学之士周思茂等人撰写的《兆人本业》（已佚），是一部官家农书，颁赐全国地方行政官员使用。据宋代人记载，这部书共 3 卷 12 篇，“载农俗四时种莳之法，凡八十事”，当是一部农家月令全书。还有王旻的《山居要术》，韦行规的《保生月录》，也都已佚。另外，8 世纪末李德裕的《平泉草木记》和公元 863 年段成式撰写

李德裕

李德裕是唐代文学家、政治家，与其父李吉甫均为晚唐名相。唐武宗与李德裕之间的君臣相知成为晚唐绝唱。

的《酉阳杂俎》，还记载了一些动植物知识。

这一时期，现存比较重要的农书有三部，即陆龟蒙的《耒耜经》、陆羽的《茶经》和韩鄂的《四时纂要》。

陆龟蒙，唐末吴江（今江苏省苏州市吴江区）人，字鲁望，号江湖散人。其父做过唐朝侍御史，家有数百亩农田，并有茶园、柴薪地各一处。由于唐朝末年政治动乱，陆龟蒙不愿做官，隐居乡里，可见他对农业生产比较熟悉。他写的《耒耜经》是我国第一部农具专书，全书篇幅不大，仅1卷，约600字，用考工笔调，围绕耕犁这一农业器具详细说明它的构造和功能，另外附谈了三件小农器，为我们留下了宝贵的资料。书中描述的耕犁，现在通称“江东犁”，又叫“曲辕犁”，由11个部件组成。从犁的构造和性能来看，比前代有较大改进，设计和制作也比较完备，与1949年前夕我国农村使用的步犁相差无几。可见我国耕地机具的制造技术在唐代已经成熟。是一件很了不起的事情。

陆羽（？—804），字鸿渐，复州竟陵（今湖北天门市）人。少时由僧人抚养，成人后做伶人，和地主阶级中的官僚、文人来往比较密切，熟悉当时的饮茶习俗。公元758年前后隐居笤溪（今浙江省吴兴县），从事著书工作。由于他爱饮茶，又在名茶产地隐居，熟悉当时各种饮茶习俗，因此有条件写出了《茶经》这部不朽的著作。

《茶经》是我国也是世界上最早的茶叶专著，全书共3卷，约9000字，分为10个专题。卷上三个专题：一之源，讲茶树的形态、名称，茶叶的品质与土壤的关系；二之具，讲采茶、制茶的各种工具；三之造，讲茶叶的种类与制茶的方法。卷中一个专题：四之器，讲煮茶和饮茶的各种用具，它们的形状、大小、质料、用途、优缺点等。卷下六个专题：五之煮，讲煮茶的方法，用什么样的水，如何掌握火候等；六之饮，讲饮茶的起源及饮茶应有的知识；七之事，讲历史上饮茶的故事及

陆羽

陆羽被誉为“茶仙”，有“茶山御史”之称。他所著的《茶经》，使茶叶成为一门独立的学问，对世界茶文化产生深刻影响。

药方等；八之出，讲茶的产地并比较各地产茶的优劣；九之略，讲在临时条件下可以省略哪些制茶、煮茶的过程；十之图，把上述九项内容写在绢素上，分四幅或六幅悬挂起来，便于一目了然。

陆羽的《茶经》，总结了当时劳动人民在茶业方面所取得的丰硕成果，传播了茶业科学知识，促进了茶业生产的发展。自他以后，茶业专著相继出现，如卢仝的《茶歌》、张又新的《煎茶水记》、苏廙的《十六汤品》以及五代时蜀毛文锡的《茶谱》等。

韩鄂的生平事迹和著书年代，都没有确切的史料可以考证，据推测，他可能是唐末至五代初人。他写的《四时纂要》一书在我国早已散失，自 1960 年在日本发现明代万历十八年（1590）的朝鲜刻本后，我国才有影印本整理出版。

《四时纂要》属于农家月令书一类，全书5卷分作12个月，每月依次抄录了天文、占候、丛辰、禳镇、食忌、祭祀、种植、修造（包括酿造、合药和某些小手工艺制作）、牧养、杂事的新旧文献，是一部农家实用的杂录全书。从其内容和引用资料来看，韩鄂大部分采用了前人著作的资料，如贾思勰《齐民要术》、氾胜之的《氾胜之书》、崔寔的《四民月令》、王旻的《山居要术》以及其他一些医药书籍，少部分是他自己的经验。虽然该书涉及的内容十分庞杂，仍不失为一部有相当价值的农书，它填补了自《齐民要术》至南宋《陈敷农书》之间相隔六个世纪的空白，提供了关于这段时间内的农业技术和社会经济生活的宝贵资料。从书中涉及繁多的农业种类，我们可以看到，当时的农业生产是以粮食、蔬菜为主，农、林、牧、副、渔全面发展的。而且在果树的嫁接、合

牛蒡

牛蒡，菊科二年生草本植物，其根部常作食用蔬菜，蛋白质及钙含量居根茎菜蔬菜之首。

莴苣

莴苣，菊科莴苣属，原产于地中海沿岸。其叶和茎均可食用。

决明

决明的药用价值很高。决明子的药用部位是种子，味苦，性微寒，有清肝、明目、通便之功能，可用于头痛眩晕、大便秘结等症。

接大葫芦、紫花苜蓿与麦的混种等方面都较前代有所发展，特别是植棉、开蜜。淀粉植物中增加了薏苡、薯蓣、百合；蔬菜类增加了牛蒡、莴苣；药材类增加了决明、黄精等，都是前代所没有的。另外还介绍了一些先进的酿造技术、润肤化妆品的原料配方及制作方法，为研究当时的农产品加工技术和当时的社会风俗提供了宝贵资料。

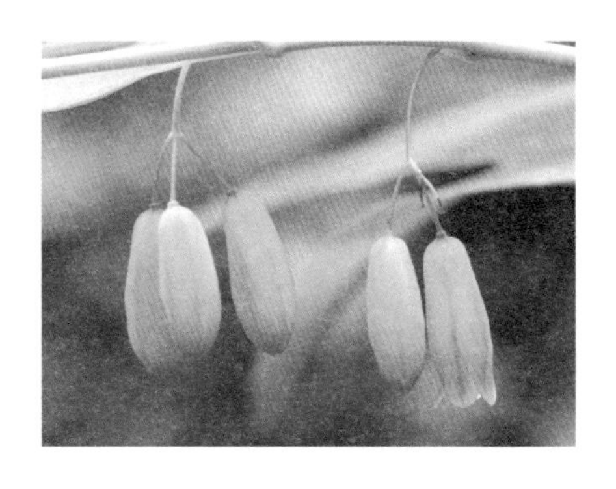

黄精

黄精性味甘甜，食用爽口。其肉质根状茎肥厚，生食、炖服既能充饥，又有健身之用，可令人肌肉充盈、骨髓坚强，对身体十分有益。

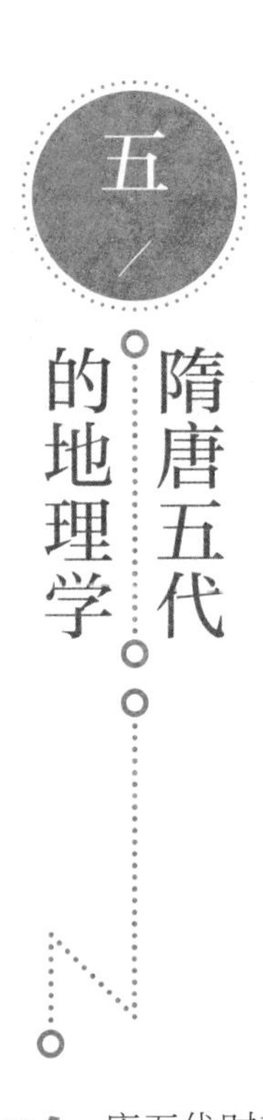

五 隋唐五代的地理学

隋唐五代时期，经济文化的繁荣为地理学的发展创造了条件。封建统治者为了巩固中央集权，扩展封建大帝国疆域，也迫切需要掌握域内外土地、物产等地理情况，从而促使了这一时期地理学的蓬勃发展。我国这一时期在地理学方面的成就，突出地表现在方志的繁荣、制图学的创新、域外地理知识的扩展以及在潮汐成因、海陆变迁等自然地理的考察研究方面比前代有明显的进步，从而为这一时期的地理学发展写下了光辉的篇章。

（一）方志的繁荣

方志的编纂在我国有悠久的历史。由于它是一种记载地方史的书籍，往往以行政区域为单位，叙述其疆域、山川、建制、沿革、户口、物产、城郭、风俗、人物等内容，有较高的地理价值，因此，在传统的地理学研究中占有重要位置。在晋宋以前，方志著作极少附图，地图虽有说明，但名目上还以图称，不与方志相混。宋齐以后，方志著作渐渐附上了图，这样既发挥了地图的功用，也加强了地理著作的科学性，这是方志编撰史上的进步。隋唐时期，这类有图有经称作“图志”“图经”的著作便大量涌现。

隋统一中国后，在大业年间（603—618），“普诏天下诸郡，条其风俗、物产、地图，上于尚书”(《隋书·经籍志》)。由中央政府明令全国各地大规模编撰方志，自隋开始。隋王朝将全国各地上报的地志和图志，汇集编纂成全国总图志。据《隋书·经籍志》记载，有《区宇图志》129卷，“卷头有图”，这是我国历史上第一部官修的全国性总地志，此外还有《诸郡物产土俗记》151卷、《诸州图经籍》100卷。据《太平御览》引《隋大业拾遗》记载，这些图志、图经“别造新样，纸卷长二尺。叙山川，则卷首有山水图；叙郡国，则卷首有郭邑图；叙城隍，则卷首有公馆图。其图上山水城邑题书字极细”。可惜，这些珍贵的资料早已佚亡，我们不能知道它们的具体内容。唐代对编造图志和图经也很重视，中央政府设有专门负责掌管图经的官员，并规定全国各州、府每三年（一度改为五年）一造图经，送尚书省兵部职方。如《唐会要》卷59记载，建中元年（780）“诸州图每三年一送职方，今改为五年一造送。如州县有创造及山河改移，即不在五年之限”。《新唐书·百官志》也记载：“职方郎中员外郎各一人，掌地图、城隍、镇戍、烽候、坊人、道路之远近及四夷归化之事。凡图经非州县增废，五年乃修，岁与版籍偕上。”从《太平寰宇记》和《太平御览》等书中，可以得知，当时唐代曾有50多个州修有图经，其数量可以想象。现从敦煌石室中发现的《沙州图经》和《西州图经》两个残卷，可以看到唐代图经的大致面貌，但其中图已经没有了。全国性的地志、图志，在这一时期也有了新的发展。如魏王李泰邀集学士肖德言等编撰的《括地志》550卷、外《序略》5卷，李吉甫撰的《元和郡县图志》40卷，贾耽撰的《古今郡国县道四夷述》40卷、《贞元十道录》4卷等，孔述睿撰的《地理志》，等等。唐代的文风极盛，方志的繁荣，可见其一个方面。由于当年的著作只靠手抄，其流通数量必然有限，加上以后多逢战乱，它们大都已散失。这些全国性的总地志、图志，以李吉甫的《元和郡县图志》最为出色，它是一部集魏晋隋唐地志之大成的代表作。

李吉甫（758—814），字弘宪，赵州赞皇（今河北赵县）人，出身官宦家庭，“少好学，能属文，年二十七为太常博士”。元和二年（807），任中书侍郎同中书门下平章事。元和五年，中书侍郎裴珀病逝，第二年“授吉甫为金紫光禄大夫，中书侍郎平章事”。元和九年暴病身亡。李吉甫一生论著甚多，在地理学方面，先后撰有《十道图》《河北险要图》《淮西地图》《元和郡县图志》等。

李吉甫

李吉甫的主要成就是辅佐唐宪宗开创“元和中兴”。

《元和郡县图志》40卷，目录2卷。现存34卷。是李吉甫晚年当宰相时（813），向宪宗皇帝献上的一部全国总地志。内容记述了全国十道所属各府、州、县的沿革、境域、山川、道里、户口、贡赋、古迹等。起京兆府，尽陇右道，凡47镇，成40卷，每镇皆图在篇首，

《元和郡县图志》

《元和郡县图志》叙述了全国政区的建置沿革、山川险易、人口物产，以备唐宪宗制驭各方藩镇之用。

冠于叙事之前（《元和郡县图志序》）。南宋时，图尽散失，遂改称《元和郡县志》。李吉甫在编撰《元和郡县图志》时，总结了前人所撰地志的一些经验和教训，正如他在《元和郡县图志序》中指出，过去所撰地志"尚古远者或搜古而略今，采谣俗者多传疑而失实，饰州邦而叙人物，因丘墓而征鬼神，流于异端，莫切根要。至于丘壤山川，攻守利害，本于地理者，皆略而不书"。在此基础上，他作了改进。一是注重了对当时要素的记载，注意了数据的真实准确，在书中多用数字表达，是这一部志书的显著特点。二是摒弃那些注重"丘墓""鬼神"的做法，虽然他有时也不免落入神话故事的圈套，但还是保持住了方志编写的科学性和严肃性。三是注意军事要素的记载和绘制，把方志的编写和军事政治紧密联系起来。正如他在序言中所说："佐明王扼天下之吭，制群生之命，收地保势胜之利。"这些在当时都是进步的。正是由于李吉甫的努力，尽管到南宋时其中图已亡佚，后世对它仍然有很高的评价，不仅因为它是魏晋以来现存最早的全国总地志，而且由于它所记载的"州郡都城山川"都有据可查，"无不根之说"。《四库全书总目提要》还称其"体例亦为最善，后来虽递相损益，无能出其范围"。可见它对后世影响很大，成为后来编纂全国总地志的范本。在世界地理史上也是一部杰出的地理著作。

方志的编写，发展到隋唐时代，不仅体例日趋完善，而且地理内容也较过去增多，尤其是附之于图，达到了图文并茂的程度，是方志编撰走向成熟的标志。

除方志著作外，隋唐时期在其他一些著作中也多有地理性专篇，如杜佑的《通典》，成书于贞元十七年（801），全书200卷，列八门，地理门有《州郡》《边防》两篇。《通典·州郡》篇打破了历代正史地理志偏重于本朝的局限性，叙述各行政单位在前代的沿革，一般追溯到春秋战国，可称得上是我国最古老的沿革地理篇章。《通典·边防》篇从历代史书的四夷传采集资料，突出边防作用，这在当时也是别开生面的。

（二）制图学的创新

西晋时的裴秀创“制图六体”，是我国古代制图理论的光辉成就，深深影响着后世的制图学。自裴秀以后，直至隋代对这一理论还无人问及。这一时期，常见的就是所谓图经、图记的发展。隋唐之际，有一种分野图，如《二十八宿分野图》《周易分野新图》等，这些图已经佚亡，内容如何不能得知。另外有隋高唐尉李播，因官场不得志而为道士，撰有《方志图》10卷，李播的孙子李该撰有《地志图》，还有吕才受唐太宗李世民之命撰有《方域图》等。据考证，这些带有地志性质的地图，虽画有山川河流，但不同于一般地图，而是一种与道教及历法有关的地图。因为这些作者本人不是道士就是天文星象学家，他们因为“郡国沿革名称屡迁，遂今后学难为凭准”（《旧唐书·天文志》），试图用天象来固定州县的位置，因为没有科学依据，自然滑入歧途，所以也没有实用价值。

唐王朝建立后，国力重振，科学技术的进步为制图学的发展添注了动力。除经志著作继续发展外，图与经志分野的局面逐渐形成，裴秀的制图理论得到了恢复和发展，出现了一些较好的以裴秀制图理论为指导的地图。

唐贞观十年（636），唐将全国分为十道，即关内道、河南道、河东道、河北道、山南道、陇右道、淮南道、江南道、剑南道、岭南道。在此基础上，出现了《十道图》。这是典型的唐代行政区划图，据《旧唐书·经籍志》和《新唐书·艺文志》记载，唐代有三种卷本的《十道图》。第一种是长安四年（704）绘制的《十道图》12卷；第二种是开元三年（715）绘制的《十道图》10卷；第三种是元和八年（813）李吉甫所绘的《十道图》。这些十道图大体都有山川、户口、赋税、行政区划、文武官员数量和其薪俸以及各州郡疆域、政治纲领等，完全是适应政治上的需要，为中央实施各种政令而绘制的。五代时，这种图还仍作为官绘地图而使用，凡政制有变，图也随之修改。如《五代会要·选事上》记载：同光二年（924）"吏部三铨下省，南曹废置"，特令左丞崔沂等人修订《十道图》。晋天福二年（937）"尚书吏部奏，清泰三年创造以上三县，欲编入《十道图》"。直到南宋的《直斋书录解题》一书，仍然著录有《十道图》，足见它至少流传了三个世纪，对巩固和维护封建王朝的统治起了一定的作用。后因宋代的大行政区不再以"道"分，遂改为"九域图"。

这一时期，军事性质的地图也有发展。除李吉甫绘有一幅《河北险要图》外，还有魏元忠（637—707）绘制的《九州设险图》。由于这幅地图冠以九州之名，估计是唐代较大的军事设险图。

隋唐五代时期，在制图学方面做出最杰出贡献的要数贾耽。

贾耽，字敦诗，沧州南皮（今河北沧州）人，生于唐开元十八年（730）。自幼喜好地理，早年曾任过员外郎、礼部郎中等职，因"政绩茂异"被升为管理国家礼宾和接待外国使者的鸿胪卿，大历十四年（779）后，曾任左散骑常侍、山南西道节度使、工部尚书、山南东道节度使、右仆射等职，贞元九年（793）升为右仆射同中书门下平章事（宰相职务），在相位13年，于永贞元年（805）去世，终年76岁。

贾耽的制图显然是受了裴秀制图理论的影响，他在献图的表中谈到“晋司空裴秀创为六体，《九丘》乃成赋之古经，六体则为图之新意。臣虽愚昧，夙尝师范”（《旧唐书·贾耽传》）。可见他是师范裴秀的制图理论，不仅如此，在此基础上，他还有所创新。

贾耽的地理著作和地图主要有：《关中陇右及山南九州图》一轴和为说明此图而撰的《关中陇右山南九州别录》6卷及《吐蕃黄河录》4卷，统称《别录》10卷；《海内华夷图》一轴和为说明此图撰的《古今郡国县道四夷述》40卷；还有《地图》10卷、《贞元十道录》4卷及《皇华四达记》等。

贾耽一生勤于钻研地理知识，自称“臣弱冠之岁，好闻方言，筮仕之辰，注意地理，究观研考，垂三十年”（《旧唐书·贾耽传》）。在他担任鸿胪卿期间，“凡四夷之使及使四夷还者，必与之从容，讯其山川土地之终始。是以九州之夷险，百蛮之土俗，区分指划，备究源流”，“绝域之比邻，异蕃之风俗，梯山献琛之路，乘舶来朝之人，咸究竟其源流，访求其居处”。这种勤奋工作的精神，加上他身居宰相，能较多地接触所藏各种典籍，使他具备丰富的地理学知识，掌握大量的地理经典资料，在地理学上做出卓越的贡献，成为唐代杰出的地理学家和制图家。尤其是他经历了“安史之乱”，对一些疆域的丧失深感痛心，热切盼望能尽快收复失地。他制作的地图和著述的地理著作正是寄托着这一心愿。他在晚年绘制的《海内华夷图》是我国历史上著名的大地图，也是唐宋时期影响最大的一幅全国一统大地图。

《海内华夷图》及说明该图的《古今郡国县道四夷述》共一轴40

卷。完成于公元801年。这幅图师承裴秀制图“六体”的画法，图广10米，纵11米，比例尺为3.33厘米折成50公里（即1∶1500000），面积约为110平方米，是魏晋以来我国古代第一大图。图中以黑色书写古时地名，用红色书写当时地名，这样“今古殊文，执习简易”（《旧唐书·贾耽传》）。这是我国古代制图史上的一项创新，也为后世的历史沿革地图所袭用。《海内华夷图》已经失传，现存陕西省西安市碑林博物馆内有一幅南宋绍兴七年（1137）的石刻《华夷图》，其左下角有一段话“其四方蕃夷之地，唐贾魏公（即贾耽）图所载，凡数百余国，今取其著闻者载之”。可知此图参照了贾耽的《海内华夷图》。从现存的石刻《华夷图》可以看出贾耽的《海内华夷图》，不但各要素丰富，所载国家多，而且大江大河流向、位置绘制得比较准确，不但绘有沙漠，而且绘有长城，各要素的符号许多与今相同或接近。《古今郡国县道四夷述》是说明《海内华夷图》的文字资料，贾耽认为：“诸州诸军，须论里数人额，诸水诸山，须言首尾源流。图上不可备书，凭据必资记住。”（《旧唐书·贾耽传》）。可见该资料备有各州详细的道路里数和驻军人数，以及各山各水的发源与归宿，是一部很有价值的历史地理著作。这部书至少在北宋修《新唐书》时还没有散失，也可能因为它篇幅过繁，贾耽曾提出要写《贞元十道录》，此书也早已散失。据王庸《中国地理学史》称“近在敦煌发现写本《贞元十道录》残页，《鸣沙石室佚书》中有影印本”。除此而外，据《新唐书·地理志》称，贾耽还绘有从中国到朝鲜、东京（今河内）、中亚、印度，甚至到巴格达的交通图等。这些都早已散失。

（三）域外地理知识的扩展

随着对外文化交流的开展和交通工具的发达，隋唐时期域外考察活动呈现出十分活跃的局面。与此同时，介绍域外地理知识的书籍也不断涌现，加深了人们对域外知识的认识和了解。

隋炀帝时，曾命裴矩（？—627）掌管与西域的交易。裴矩一面同西域各族人民开展密切联系，一面将西域的地理情况和风土人情加以记录，并绘成图册，撰成《西域图记》2卷。据《隋书·裴矩传》转引《西域图记》的记载，当时人们已经十分清楚地知道通往地中海、波斯湾、阿拉伯海的三条陆经路线。公元658年，唐初的许敬宗（592—672），出使康国和吐火罗后，撰成《西域图志》60卷，还详细地介绍了中亚各地的风俗物产及古今废置等情况。唐时，出使印度和不避艰险访求印度佛教经典的高僧络绎不绝，他们去后都带回当地及沿途一些地理见闻，著书立说，大大丰富了人们对域外地理知识的了解。如唐初的王玄策，曾于贞观十七年（643）、贞观二十一年、显庆二年（657）三次出使印度，回来后撰有《西域行传》，又名《西国行传》《王玄策行传》等，书中素材多被当时有一部官书叫《西域志》所采用。唐贞观元年至贞观十九年（627—645），玄奘西行取法，遍游天竺（今印度），回来后写有《大唐西域记》12卷，是一

玄奘

玄奘是唐代高僧，我国汉传佛教四大佛经翻译家之一，中国汉传佛教唯识宗创始人。他将入印路途见闻撰写成《大唐西域记》12卷。

部关于我国西北部边疆地区和中亚、南亚的重要地理著作。天宝十年至宝应元年（751—762），唐杜环在当时的大食（阿拉伯）境内留居十余年，归来后撰有《大食国经行记》，翔实地反映了当时中亚和波斯（今伊朗）、大食、拂菻（东罗马）、苫国（在今叙利亚）、摩邻（在今肯尼亚）等处的地理情况，是研究西域历史地理的一部重要著作，在后世的《太平御览》《太平寰宇记》《通志》《文献通考》中都有转载。虽然它传世文字不多，但由于所记内容重要，有关部分还被译为英、法、日等文字，受到各国学者的重视。后晋天福三年（938），统治中原的后晋派张匡邺、高居海出使于阗（今我国新疆和田），高居海回来后撰了《行记》，其中详细记载了昆仑山北麓、于阗至若羌一带产玉的情况。随着海上交通的发展。唐时漂洋过海从水陆到南亚、印度、波斯湾考察的也很多，如唐代的僧侣义净和尚，于咸亨二年（671），自广州出发，至佛逝（今苏门答腊东南），由佛逝至印度，在印度求法十载，然后又至佛逝，停留六载后，于永昌元年（689）返回广州。同年冬又去佛逝，前后在外25年，经历30余国。归后撰《南海寄归内法传》和《大唐求法高僧传》。他在《南海寄归内法传》中记述了南海州岛中夷人“甚黑，裸形，能驯伏猛兽犀象等”，估计他远到了非洲东岸。隋大业三年至大业六年（607—610），隋炀帝派常骏、王君政等人出使赤土国（今马来半岛的南部）。《隋书·赤土传》记载了赤土国的气候和农作物的情况。唐代对云南地理的记载要数樊绰的《蛮书》，这部书详细地记录了唐代云南境内的交通途程、重要山脉河流和城邑，云南各族人民的经济生活、生产技术、风俗习惯以及部族的分布迁徙等，是研究我国西南边陲极为珍贵的史料。唐时与日本的来往十分密切，两国互派使节，唐人对日本的政治、经济、地理等情况都有较深的了解。对我国北邻，汉魏北朝时曾到达北海（即贝加尔湖）一带，

贝加尔湖

贝加尔湖，中国古称北海，曾是中国北方部族主要活动地区，清朝曾短期控制该地，《尼布楚条约》签订后，将这块地区割让给沙皇俄国。

而唐时走得更远。据《新唐书·回鹘传》记载，骨利干“处瀚海北……草多百合，产良马”，“其地北距海，去京师最远，又北渡海则昼长夜短，日入烹羊胛，熟，东方已明，盖近日出处也”。瀚海即贝加尔湖，骨利干在贝加尔湖北，从其昼长夜短和烹一顿羊胛太阳已出来情况看，其地纬度很高，当距北极圈不远。

在众多的域外地理考察著作中，当以玄奘述、辩机编的《大唐西域记》最为著名，它详细地记述了唐玄奘不畏艰险游历 110 余国的经历和见闻，是闻名中外的地理学专著。

玄奘（602—664），俗名陈纬，洛州侯氏（今河南偃师侯氏镇）人。隋末出家，早年熟读佛教经典，深究经典理义。遍游关中、四川、湖北、河南、河北等地。在访学问师过程中，深感当时佛教内部派别不

玉门关

2014 年 6 月，玉门关遗址作为中国、哈萨克斯坦和吉尔吉斯斯坦三国联合申遗的“丝绸之路：长安—天山廊道路网”中的一处遗址成功列入《世界遗产名录》。

天山

天山是世界七大山系之一，位于欧亚大陆腹地，东西横跨中国、哈萨克斯坦、吉尔吉斯斯坦和乌兹别克斯坦四国，是世界上距离海洋最远的山系和全球干旱地区最大的山系。

一、理论争执较大。为了维护佛教统一，从而达到佛教一尊的地位，玄奘于贞观三年（629）秋天，从长安出发，冒险偷渡随商人去天竺取经，沿途经瓜州、玉门关、伊吾（今哈密）、焉耆、高昌（今吐鲁番），沿天山南麓向西，越葱岭北隅的凌山（今腾格里山穆素尔岭），经大清池（今吉尔吉斯伊塞克湖）北岸往西到素叶（今吉尔吉斯托克马克附近）、赭时国（今乌兹别克的塔什干）、飒秣建（今乌兹别克撒马而罕），然后折向东南，出西突厥的铁门（今阿富汗的巴达克山），过大雪山（今阿富汗的兴都库什山）和黑岭，来到北印度。在印度遍游恒河与印度河流域以及东、西海岸，然后翻越雪山和葱岭，经疏勒、于阗、鄯善至敦煌瓜州，于贞观十九年（645）初回到长安（见玄奘西游路线图）。前后历时16年，跋涉2.5万余公里，完成了举世闻名的伟大旅程。回来后，唐太宗亲自下令迎接他，以至于出现了“近京之日，空城出观”的场面。玄奘回到长安不久，唐太宗又在洛阳召见他，奉诏翻译佛教经书600余部，并根据他的口述，由他的助手辩机编成《大唐西域记》12卷。他的另一个助手慧立，也根据他的口述，编写了《大慈恩寺三藏法师传》10卷，除详细记述玄奘游印路程和见闻外，还追记玄奘西游以前的身世，并一直到他的葬事，是一部传记体的著作。

《大唐西域记》

《大唐西域记》又称《西域记》，是由唐代玄奘口述、辩机编撰的地理史籍，成书于唐贞观二十年（646）。

《大唐西域记》全书12卷，10

余万字，记录了玄奘亲自经历 110 个国家和地区的传闻，28 个国家和地区的地理位置、历史沿革、风土人情、山川、物产以及气候和宗教等情况。书中内容不仅十分丰富，而且真实可靠，文笔也绚丽雅致，简扼流畅，在许多地理现象的认识描写上都是前所未有的。如描述高山冰川，提出“凌山”一词，即现代所谓冰川。玄奘记述“其山险峭，峻极于天。自开辟以来，冰雪所聚，积而为凌，春夏不解，凝江污漫，与云连属，仰之皑然，莫睹其际，其凌峰摧落横路侧者，或高百尺，或广数丈”。不仅形象地描写了冰川外观，而且正确解释了它的成因。又如关于波谜罗川的记载，过去一直笼统地把它称作葱岭地区，

冰川

冰川存在于极寒之地。地球上南极和北极是终年严寒的，因此冰川多是在南极和北极，在其他地区只有高海拔的山上才能形成冰川。

玄奘经过考察，指出它是葱岭的一部，“其地最高”，并且首次提到波谜罗（即帕米尔）这一地理名称，为中亚一带历史地理的研究提供了宝贵资料。

书中对古印度的气候也作了详细的记录，谈到印度一年分为六季，每季二个月，都是从月圆到月圆为一个月，分别为“渐热季、盛热季、雨季、茂季、渐寒季、盛寒季”。对研究印度半岛各地古气候，很有价值。

对沿途各地的植物分布景观，书中也作了真实的描绘。如描写新疆疏勒到叶城一带“稼穑殷盛，林树郁茂，华果繁茂”，“土宜穈、黍、冬麦”和“沙枣、葡萄、梨、杏诸果”。但是描写帕米尔，则是另一幅景观：“葱岭东冈，四山之中，地方百余顷，正中垫下，冬夏积雪，风寒飘劲，畴垅舄卤，稼穑不滋。即无林树，唯有细草，时虽暑热，而多风雪”，对高寒山地与荒漠绿洲的植被情况作了生动真实的描绘。

《大唐西域记》12卷，除去首尾两卷既讲印度又讲我国的地理情况外，其余各卷都是讲印度各地的地理风光及宗教历史，因此，它又是我国最古老的外国地理专著之一。如对印度地形轮廓的描述是“三垂大海、北背雪山，北广南狭，形如半月”，这是接近实际的，在我国地理文献中还是第一次。

作为一部伟大的游记著作，也存在一些缺点，如所用里程，往往有些过于夸大，常常一写就是百里千里以上，使人不易捉摸。即是如此，作为一部古代旅游著作，仍不失其辉煌价值，今天仍然是研究中亚、印度和巴基斯坦等历史地理的重要文献，并被译成多国文字，在全世界广泛传播。

（四）对潮汐成因及海陆变迁等的认识

隋唐时期，在对一般自然地理认识的同时，人们还通过野外实地考察研究，更深层次了解一些地理现象的成因，对其做出科学的解释，使地理学的研究向更深层次迈进。其成就突出表现在对潮汐成因、海陆变迁以及对黄河源的考察等方面。

我国有着广阔的海岸线，潮灾的防止和潮汐的利用是一个比较大的课题。尤其是隋唐时期，随着航海业的兴起，人们必须了解潮汐涨落的规律，以防止海水退潮造成搁浅或触礁。东汉时的王充曾提出“潮之兴也，与月盛衰，大小满损不齐同”（《论衡·书虚篇》）。把潮汐涨落与月亮盈亏联系起来，从而引导人们用计算月球运动的方法确定潮时。三国时，地处东海之滨的吴国，已有《潮汐论》问

潮汐

潮汐是海水在天体引潮力作用下所产生的周期性运动，在白天的称潮，夜间的称汐，总称“潮汐”。

世，但早已散失，不知其内容。唐时窦叔蒙在多年观察研究的基础上，写了《海涛志》一书，详细地论述了潮汐的成因，较王充前进了一大步。《海涛志》又名《海峤志》，全书共6章，约成书于8世纪中叶，是我国现存最早论述潮汐现象的专著。窦叔蒙在《海涛志》中，利用潮汐运动和月亮运动同步这个原理，进行了精确的计算。他算得自唐宝应二年（763）冬至，上推78379年冬至日之间的潮汐，得到“积日二千八百九十九万二千六百六十四”，而“积涛五千六百二万一千九百四十四”。两者相除，得出潮汐周期为12小时25分14.02秒。两个潮汐周期比一个太阳日多50分28.04秒。这个数字与现在计算所得正规半日潮每日推迟50分的结果极为接近，这在当时是非常科学的。窦叔蒙还计算出潮汐运动有三种周期，一日之内有两次潮汐循环，一朔望月内，有两次大潮和两次小潮；一回归年内也有两次大潮和两次小潮，从而阐明了正规半日潮的一般规律。窦叔蒙还创立了推算潮时的图表法，根据月的圆缺情况，画出相应的潮汐变化图表，据此表可以很容易地查出当天高潮的时辰。这个表要比欧洲最早的潮汐表（大英博物馆所藏的13世纪“伦敦桥涨潮”表）早四个世纪。可见，我国在8世纪中叶，对潮汐理论的研究已经达到很高的水平。

与窦叔蒙同时的封演，也对潮汐现象进行了研究，他在《说潮》中详尽地描绘了一朔望月中潮时逐日推移的规律，与窦叔蒙的推算是异曲同工。书中对潮汐成因也有精辟的论述，他说：“月，阴精也，水，阴气也。潜相感致，体于盈缩。”“潜相感致”说提出于牛顿发现“万有引力”（1687）之前的800多年，是难能可贵的。

关于海陆变迁的认识，在唐以前已经出现。如晋葛洪著《神仙传》中有“东海三为桑田”，但没有科学论证，而且付诸神话。到了唐代，大书法家颜真卿任抚州刺史的时候（771），在今江西省南城县的麻姑山顶一座古坛附近发现了螺蚌壳化石，他认为这就是沧海桑田变迁的遗迹，于是写了《抚州南城县麻姑山仙坛记》一文。他在文中写道："东北有石崇观，高石中犹有螺蚌壳，或以为桑田所变。"这是从野外实地观察，得出海陆变迁的科学结论。他还"刻金石而志之"，可见他对这一发现十分重视。唐诗人白居易也在他的《海潮赋》中记有海陆变迁这一认识，他在诗中写道："白浪茫茫与海连，平沙浩浩四无边，暮去朝来淘不住，遂令东海变桑田。"可见海陆变迁这一认识在唐代已很普及。

对黄河源的考察，在唐代已达到比较接近实际的结论。据《新唐书·吐谷浑传》和《新唐书·吐蕃传》记载，唐贞观九年（635），唐遣侯君集、李道宗对河源进行实地考察，曾到达星宿海、扎陵、鄂陵二湖一带。长庆二年（822），唐遣刘元鼎出使吐蕃，途经河源，刘元鼎经过实地考察，认为"河之上流由洪济梁西南行二千里，水益狭，春可涉，秋夏乃胜舟，其南三百里，三山中高而四下，曰紫山，直大羊同国，古所谓昆仑也。虏曰闷摩黎山，东距长安五千里，河源其间"。这里已描述了河源区的水文特征，较前更为具体，而且大体位置已接近实际，这就否定了西汉以来对黄河的"重源伏流"说。

另外，在对地下岩溶地形、海岸地形、沙漠地形等自然地理的认识方面，都比前代有明显进步，并且留有科学考察的记录。如现存广东肇庆市七星岩石壁上唐李邕的《端州石室记》碑刻，详细地描述了熔岩的地貌，是研究洞穴地形的宝贵文献。又如《新唐书·地理志》对航道的记载中，已有山、门、州、石、海峡等海岸地形类型的记录，说明唐代对海岸地形知识比前代丰富了许多。对沙漠地形的认识，在这一时期更为深入，所留存的文献屡见不鲜。如唐开元天宝年间成书的《沙州志》，对敦煌一带的鸣沙山有准确的描述，书中写道：“水东即是鸣沙山，其山流动无定，峰岫不恒。俄然深谷为陵，高崖为谷，或峰危似削，孤岫如画。夕疑无地，朝已干霄。中有井泉，沙至不掩，马驰人践，其声若雷。其水西有石山，亦无草木。”北方草原滥垦，会使草原变成沙漠。据《横山县志》卷三记载：“长庆二年（822）十月，夏州大风，堆沙高及城堞。”原本水草丰美的夏都，后来成了毛乌素沙漠。

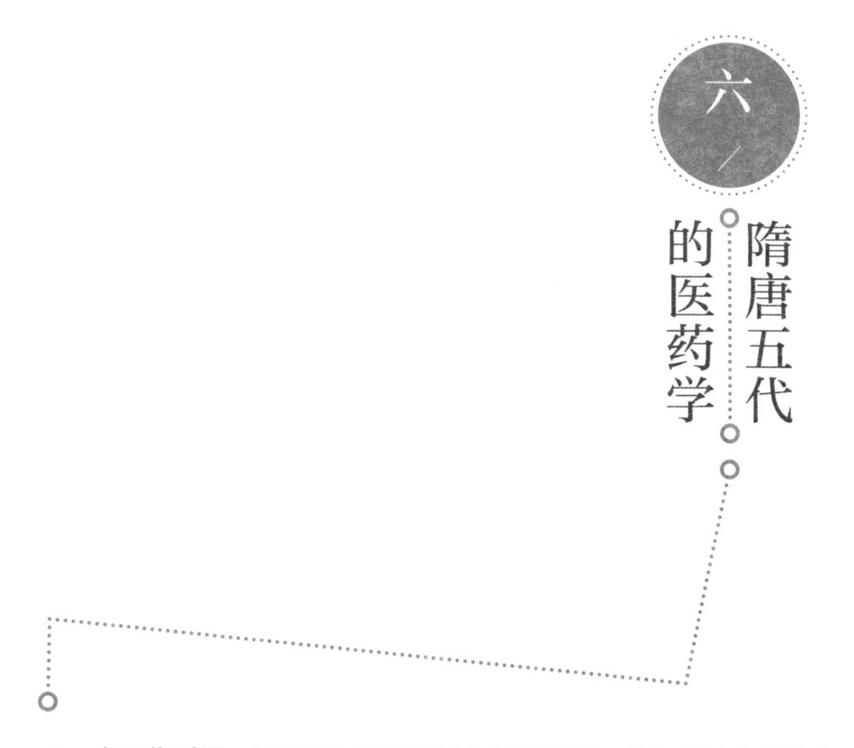

六、隋唐五代的医药学

隋唐五代时期，我国的医药学获得全面的发展，并取得了突出的成就。这主要表现在医事制度和医科划分的进一步完善，对古医籍的整理较过去有了进步，尤其是对本草著作的整理研究，把我国古代药物学水平推向了前所未有的高度。与此同时，医学理论和临床实践也有了很大的发展。巢元方的《诸病源候论》对病源症候学的研究，对中医病理学的形成做出了杰出的贡献。孙思邈等一批优秀的医药学家，全面地总结和发展了我国古代医学的伟大成就，他们的医学巨著对后世产生了深远的影响。另外，藏医学在这一时期也有了较大发展，中外医学交流也出现前所未有的蓬勃局面。这一时期，由于受道教的影响，医学发展也出现一些逆流，如服石、炼丹等，但这些都无法掩盖医药学全面发展的主流。

（一）医事制度和医科划分

隋唐时期，医事制度日趋完善，较前代有了很大发展。当时的医药机构是由门下省统尚药局，负责宫廷中的医药事务，由太常寺统太医署，掌管政府的医政事务及医学教育。尚药局设有典御、侍御师、尚药监、侍御医、直长、医师等。太医署中设有太医令2人、太医丞2人、太医府2人、太医史4人、主药8人、药园师2人、医监4人、医博士、助教、按摩博士等。隋时，太医署有200余人，唐时增至300余人，而且成为行政、教育合一的医学机构，既负责医务行政，又从事医学教育，称得上是我国最早的医科学校。早在刘宋元嘉二十年（443），太医令秦承祖曾奏置医学以广教授，即开办医学校，但没有一直办下去，到元嘉三十年即罢去。隋代太医署虽设有医博士、医助教等，但采用分头教授医学，沿袭南北朝旧制。真正官方大规模置办医学校，应当是唐代的太医署，它比欧洲成立最早的医学院意大利萨勒诺医科大学（884）还要早200多年，而且在组织结构、教学内容等方面，都更加完备和进步。

更有意义的是，唐代在完善医事制度的同时，对医科设置也进行了科学的划分。据《新唐书·百官志》记载："太医令掌医疗之法，次为丞。下设医、针、按摩、咒禁四科。"

医科设医博士1人、助教1人、医师20人、医工100人，学生40人，典药2人。学习课目分为基础医学和应用医学两部分。基础医学包括学习《本草》《脉经》《甲乙经》等；应用医学则是分别学习体疗（内科）、疮肿（外科）、少小（儿科）、耳目口齿（五官科）和角法（火艾烧炙等）。学习期限分别是体疗7年，疮肿、少小5年，耳目口齿4年，角法2年。

针科设针博士 1 人、助教 2 人、针师 10 人、针工 20 人、学生 20 人。主要学习各种针法，利用经脉孔穴部位，治疗各种疾病。当时常用的针法有镵针、圆针、锓针、铎针、剑针、圆利针、毫针、长针、火针等九针补泻之法。

按摩科设按摩博士 1 人、按摩师 4 人、按摩工 16 人、学生 15 人。主要学习消息导引之法，即以按摩推拿的技术治疗风、寒、暑、湿、饥、饿、劳、逸等“八疾”，并且能够对损伤折跌等伤科作正骨处理。

咒禁科，设咒禁博士 1 人、咒禁师 2 人、咒禁工 8 人、学生 10 人。主要学习用祈祷咒禁的方法驱除邪魅，这显然体现了封建医学教育的局限性。

除此而外，太医署还设有药学部，有药园三顷，招收一定数量的学生，学习药物的栽培、采集、炮制、制剂、使用等方面的知识。

唐代虽然设立太医署从事医学教育，但这种培养人才的制度，主要还是为封建统治者服务。广大人民的疾苦，仍然靠民间医生，而民间医生的成长，主要靠师徒相传和个人经验的积累，这是我国几千年来封建社会中医药发展的主要源泉。

除太医署外，唐代在各州府还多设医学，设医学博士掌其事，但规模和数量都远不及太医署。及至五代，因为军阀割据，他们的典章制度多未创设而沿袭旧制，值得提出的是后唐清泰年间（934—935），除置药博士、医博士之外，并设有“翰林医官”之职。宋以后改太医署为太医局，并设翰林医官院。

唐代对公共医药也比较重视，朝廷每年给药以防民疾。如开元十一年（723），玄宗亲制开元《广济方》5 卷，颁示天下。天宗五年（746）又令郡县长官就《广济方》中选其切要者，于村坊要路处榜示宣布。贞元十二年（796），德宗又亲制《贞元集要广利方》5 卷，586 方，颁于州府，题于通衢，以疗民疾。据《唐会要·卷49·病坊》记载，唐还在各州郡设立“悲田坊”和“养病坊”，前者为佛教徒私人组织，后者为政府设立，专门收容穷苦病患者，收养治病。所谓“悲田养病，从长安以来，置使专知。国家矜孤恤穷，敬老养病，至于安庇，各有司存”。后来因管理不善，悲田坊制度遂告废止，只在全国寺院设立养病坊。同时，唐政府还制定了严厉的医药律令，惩处医疗事故和欺诈现象。《唐律》规定：“诸医为人合药及题疏、针刺，误不如本方杀人者，徒二年半”，“其故不如本方杀人者，以故杀伤论。虽不伤人，杖六十。即卖药不如本方杀伤人者如之”（《唐律疏议》卷26）。

（二）古医籍的整理和研究

隋唐时期，医药事业的发展，促使一些医药学家着手开展对古医籍的整理研究工作。《黄帝内经》（以下简称《内经》）一书，最早见于《汉书·艺文志》，由于年代久远，加上文字古奥，其中错讹较多。齐梁时期的全元起，曾对《黄帝内经·素问》作过校注，但其书已佚。现存最早的《内经》注本，是杨上善编注的《黄帝内经太素》30卷。杨上善（约6—7世纪），隋大业中（605—616）曾任太医侍御，唐时又为通直郎、太子文学及太子司议郎，精于医和老庄之学。当时他有感于《内经》之繁杂，读之茫于津涯，从事对《内经》的《素问》《灵枢》两篇的整理工作。在校注的基础上，他把《素问》《灵枢》的162篇全部拆散，按其内容的不同性质，归纳为摄生、阴阳、人合、脏腑、经脉、腧穴、营卫气、身度、诊候、证候、设方、九针、补养、伤寒、寒热、邪论、风论、气论、杂病等19个大类，并于每一大类下分若干小类，编撰成《黄帝内经太素》一书。这种对《内经》的分类研究，杨上善是第一人。经杨上善的努力，不仅加强了原书的系统性，而且对中医基础理论体系的形成起到了先导作用。《太素》一书，历来为研究《内经》的学者所重视，不仅因为它保存了《素问》《灵枢》的内容，而且因为他对《内经》的注释考订科学正确。《太素》一书著成后，到宋代就已残缺不全，后来便散失不见了。清代藏书家杨惺吾东渡日本，在日本的仁和寺发现该书唐代的抄本，使该书得以留存。日本丹波康赖编撰的《医心方》曾引述了杨上善的注释，可见该书在日本曾产生相当影响。

这一时期，整理注释《内经》贡献最大的是王冰。王冰，唐代医学家，自号启玄子，曾任太仆令。约生于唐景云、贞元年间（710—804），早年笃好养生，酷嗜医学，精勤博访，曾师事于郭子斋堂。当时他有感于传至唐代的《内经·素问》一书，篇目不全，纰漏甚多，而且内容混乱，影响研究和使用，遂决定对《素问》一书整理注释。他以严谨的治学态度，收集参考了当时许多注释《内经》的著作，进行反复的校对，加以重新编排、注释，并根据先师张氏所藏秘本，补齐了《素问》所缺的第七卷，先后费时 12 年，撰注了《注黄帝素问》一书。这是继全元起（齐梁时期）之后又一次整理和注释《素问》，世称《次注》，对中医学的发展影响很大。

《注黄帝素问》一书合计 24 卷，81 篇。王冰在书中序言中说明自己校注的方法：一是分类别目，所谓“篇论吞并，义不相涉，阙漏名目者，区分事类，别目以冠篇首”；二是迁移补缺，所谓“其中简脱文断，义不相接者，搜求经论所有，迁移以补其处”；三是加字明义，所谓“篇目坠缺，指事不明者，量其意趣，加字以昭其义”；四是删繁存要，所谓“错简碎文，前后重迭者，详其指趣，削去繁杂，以存其要”。在此基础上，他对篇卷进行了全面调整，重新编次，将原有的 9 卷编排成 24 卷，大体分为养生、阴阳五行、脏象、治法、脉法、经脉、疾病、刺法、运气、医德及杂论等，较全元起的《内经训解》前进了一大步。

王冰的注释不仅深入浅出，注文精当，而且对《内经》的理论多有发挥。如在《素问·四气调神大论》中注："阳气根于阴，阴气根于阳。无阴则阳无以生，无阳则阴无以化。全阴则阳气不极，全阳则阴气不穷……二气常存，盖由根固。"说明阴阳互为共根，欲阳气旺盛，便须保全阴气，欲阴气充沛，也得保全阳气。只有固其根本，使二气常存，才能强身延年。又如王冰在《素问·至真要大论》中，说明人体五脏性质各有不同，注说"肝气温和，心气暑热，肺气清凉，肾气寒洌，脾气兼并之"。认识五脏的本气，对探讨病理十分重要。王冰对《黄帝内经·素问》的整理注释，对祖国的医学做出了重要贡献。他在注释过程中反映出来的医学思想对后世医学的理论研究和临床实践都产生了重要和深远的影响。

《黄帝内经·素问》

与《黄帝内经·灵枢》为姊妹篇，总结了秦汉以前的医学成就，是中医理论之渊薮。

这一时期，对古医籍的整理，还有唐初医学家杨玄操对《黄帝八十一难经》(简称《难经》)的研究，他以吕广(吴时)所注的《难经》为依据。凡吕广未解者，给予注解；吕广注释不尽的地方，给予详解。并且把《难经》的81篇复杂文字，归并为13个大类，使之更加条理化，便于学习和研究。经过10年的努力，撰成《黄帝八十一难经注》5卷。

这一时期，对《伤寒论》的研究做出突出贡献的是唐代的孙思邈。孙思邈在晚年著《千金翼方》的时候，见到张仲景的《伤寒论》，叹为神功，用“方证同条，比类相附”的研究方法，也就是将《伤寒论》所有的条文，分别按方证比类归附，单独构成两卷归于《千金翼方》中，是唐代仅有的研究《伤寒论》的著作。

（三）本草著作的整理和充实

隋唐时期，在对古医籍整理研究的同时，本草学研究取得了丰硕成果，本草著作大量涌现，药物品种的增多，反映了当时药物学取得了巨大的进步。据《隋书·经籍志》记载，当时有本草书目 31 部 93 卷，《新唐书·经籍志》的记载便增加到 36 部 283 卷。其中还不包括散失的大量著作。陶弘景的《本草经集注》著录的药物品种有 700 多种，到唐《新修本草》时候增加到 850 种。本草书的种类也很多：有《神农本草经》的整理本，如《神农本草经》8 卷、《神农本草经》3 卷、《本草经》4 卷（蔡英撰）、《神农本草》4 卷（雷公集注）等；有本草图谱本，如原平仲的《灵秀本草图》6 卷、《芝草图》1 卷等；有食疗本草本，如孟诜的《食疗本草》和陈士良的《食性本草》等；有海外本草本，如郑虔的《胡本草》、李珣的《海药本草》等；增订本草本，除著名的《唐本草》和《新修本草》外，还有陈藏器的《本草拾遗》10 卷、韩保升的《蜀本草》20 卷、王方庆的《新本草》40 卷、杨损之的《删繁本草》5 卷、徐大山的《本草》2 卷等；药性本草书有甄权的《药性本草》4 卷、杜善方的《本草性事类》1 卷、《依本草录药性》3 卷（录一卷）、《诸药要性》2 卷等。其他本草书还有《甄氏本草》3 卷、《本草集录》2 卷、《本草钞》4 卷、《本草杂要诀》1 卷、《药录》2 卷、《本草药方》3 卷、《诸药异名》8 卷等等。随着本草著作的大量出现，本草学研究的深入发展，也出现了一些研究本草音义的工具书，如甄立言的《本草音义》3 卷，姚最的《本草音义》3 卷、李含光的《本草音义》20 卷、萧炳的《四声本草》5卷等。

《新修本草》是唐代的官修本草，它是继《唐本草》之后编纂的。唐高宗显庆二年（657），左监门府长史苏敬鉴于陶弘景的《本草经集注》流传100多年后其中多有错误，并且本草新品种增多，因此，向唐政府提出编修本草建议，唐政府遂命长孙无忌、李勣等领衔，包括由苏敬实际负责的23人参加修编，经过两年多的努力，于显庆四年（659）8月修编完毕，名曰《新修本草》。这部巨著共54卷，包括正经20卷、药图25卷、图经7卷、目录2卷，收载药物约850种。按玉石、草木、兽禽、虫、鱼、果、菜、米谷、有名未用等分为9部，新增药物114种。可惜这部巨著后来亡佚，有幸的是孙思邈在他的《千金翼方》中保存了其中的大部分内容。

从这部书的编纂过程和主要内容来看，有以下特点。一是在编写过程中，曾通令全国选送各地道地药材，作为实物标本进行描绘。遵从实事求是的原则，而且具有广泛性，因此具有较高的学术价值。尤其是它不是个人的创作，而是由政府组织、集体努力，最后由国家颁行，因此是我国政府颁行的第一部药典，也是世界上最早的药典。它比西欧最早的《佛罗伦萨药典》（1494）和著名的《纽纶堡药典》（1542）要早800多年。二是对过去的本草经籍进行了全面考订，纠正有差错的药物400余种，增加新药100余种，并且详细地记述了各种药物的性味、产地、功效和主治疾病等。对统一全国的用药，起了很大作用。该书颁行后，很快流传全国，唐政府曾把它列为医学生的必修课，对以后历代都产生了深远的影响。该书也曾传入日本，据日本律令《延喜式》记载："凡医生皆读苏敬《新修本草》。"又说："凡读医经者，太素经限四百六十日，新修本草三百一十日。"可见该书对日本医学影响的深远。三是广泛吸收了一些外来药物和民间的用药经验。如密陀僧、硇砂、郁金、安息香、龙脑香、诃黎勒、胡椒、薄荷等的治疗作用，都是《新修本草》开始收载的。

《新修本草》的编修和颁行，标志我国药物学的发展进入了一个新的阶段，对我国的药物学发展起了推动作用。它的直接影响长达300年之久，直到宋《开宝本草》问世后，才逐渐被替代。

在《新修本草》以后出现的比较重要的私人本草著作是陈藏器的《本草拾遗》和韩保升的《蜀本草》。

陈藏器，约生活于8世纪，生卒年代不详。在《新修本草》问世数十年后，为了对《新修本草》进行补充，他专门收集《新修本草》遗编的药物，于公元738年著成《本草拾遗》10卷。书中增加了不少新的药物品种，仅矿物药就有100多种。该书的特点是广收博取，但有些庞杂，也有人认为有些怪僻，实用价值不大。但不管怎样，它起到丰富药物品种和扩大用药范围的作用。尤其是书中提出的“十剂”分类，丰富了方剂学的基本法则，一直到今天还广为中医药界所应用。李时珍曾在《本草纲目》卷一的“序例上”中对他大加称道，说“其所著述，博及群书……搜罗幽隐，自本草以来，一人而已”。

韩保升，约生活于9世纪，五代时的本草学家。他在后蜀的统治者孟昶的倡导之下，以唐代《新修本草》为蓝本，依据新增加的内容，重新删定注释，编著了《蜀重广英公本草》20卷，后人称为《蜀本草》。书中除增加一些新内容外，所绘图形十分精细，后人编纂本草时常加引用，实际上是一部简本药典，对后世药物学的发展起了较大作用。

另外，由于唐代对外交流的扩大，外来药物大量增加，出现了收藏这方面药物的专著，如李珣的《海药本草》，全书共6卷，载药124种，书中有关香药和烧炼的内容比较突出，在介绍国外输入的药物和补遗国内本草品种方面做出了贡献。

饮食疗法，在我国古代早期的医药发展中就占有相当重要的地位，先秦时的《周礼》，就曾把医学分为“食医、疾医、疡医、兽医”等，历代都有关于食疗的著述。到了唐代，饮食疗法成了一种专门学问，在众多的食疗本草著作中，以孟诜的《食疗本草》最为著名。孟诜（621—713），汝州梁县（今河南临汝）人。少时好学，曾师事于孙思邈，长于食疗和养生，他在唐以前饮食疗法的基础上，搜集当时有补益作用的药物，参考有关文献，编成《补养方》138条，后经其徒张鼎增补89条，共227条，成书3卷，易名为《食疗本草》。该书早已亡佚，清光绪三十三年（1907），英人斯坦因在敦煌发现其残卷，记载药物26条，使该书又重见于世。《食疗本草》的出现，把我国古代的饮食疗法又向前推进一步。

（四）病源症候学的成就

由于临床实践经验的长期积累，这一时期人们对疾病的认识，不论在广度和深度上，比前代都有很大进步。其突出表现在巢元方所著的《诸病源候论》著作中。

巢元方，约生于6世纪后半期。隋大业中（605—616）曾任太医博士，在此期间，主持编著了我国第一部病因学的专著《诸病源候论》。据《隋书·经籍志》记载，该书5卷，吴景贤撰，《旧唐书·经籍志》则记载为50卷。《宋书·艺文志》记载该书为50卷，只有巢元方而无吴氏。据后人考证，应为50卷，由巢元方、吴景贤主持集体编写。

《诸病源候论》，通常简称《巢氏病源》，成书于大业六年（610）。全书分为67门、1720论。其主要内容是论述各科疾病的病因、病机和病变等。对于治疗方法，或者原则提一下，或者根本不谈。“但论病源，不载方药”（《四库全书简明目录·子部·医家类》）。据书中自言是因为

“汤熨针石，别有正方”。也就是有其他方书记载，用不着重复列举。但在叙述每一种疾病后面，大都附有“补养宣导”的具体方法，可见对“补养宣导”的重视。

该书全面总结了魏晋南北朝以来的医疗经验和成就，内容十分广泛和丰富，尤其在病因学方面能突破前人的见解，提出许多新的论点，把对病源症候学的探讨和研究推向一个前所未有的高度，为祖国的医学做出了宝贵的贡献。

该书突出的成就，一是对各科疾病的症候作了广泛、详细而准确的记载。全书详细地记载了包括内、外、妇、儿、五官、皮肤等各科在内的 1300 多种疾病的症候。其中内科占了绝大多数。其他各科如眼科病 38 种，妇科 140 多种，皮肤科 40 多种，外科仅金创一类就有 23 种。而且对每类疾病也有详细的记载，如关于风病类就达 59 种，虚劳类达 75 种。如此丰富和详尽是前所未有的。在描写的准确度方面，也比过去有较大进步。如对每种疾病的症候，从发生到演变过程都有比较准确的描述，使我们一看就能够大致确定它是什么病。如描写中风：“风邪之气，若先中于阴，病发于五脏者，其状奄忽不知人，喉里噫噫然有声，舌强不能言。”描写伤寒斑疮：“热毒乘虚，出于皮肤，所以发斑疮隐轸如锦纹，重者，喉口身体皆成疮也。”描写瘫痪：“其状半身不随，肌肉偏枯小而痛，言不变，智不乱是也。”“偏客于身一边，其状或不知痛处，或缓纵。”……以上这些描述，如果没有丰富的临床实践，是难于得出的。二是对各种病源的认识，具有相当高的水平。该书对各种疾病症候，大都根据《内经》的基本理论，从病因、病机等方面作了具体的解释。如对“时气食复候”的解释：“夫病新瘥（久病初愈）者，脾胃尚虚，谷气未复，若即食肥肉鱼脍，饼饵枣栗之属，则未能消化，停积在于肠胃，使胀满结实，因更发热，复为病者，名曰食复也。”又如对“虚劳咳嗽”的解释：“虚劳而咳嗽者，脏腑气衰，邪伤于肺故也，久不已，令人胸背微痛，或惊悸烦满，或喘息上气，或咳逆唾血，此皆脏腑之咳也。”……通过作者的阐发，使《内经》的基本理论和临床实践有机地统一起来，对形成完整的中医理论体系起到巨大的促进作用，对指导临床实践具有重要的作用。三是本书对疾病的分类较之以前更为科学，除按内、外、妇、儿、五官、皮肤等分类外，首先在内科疾病中，把属于全身性的大病列在最前面，如风病、虚劳病、热性病，包括伤寒、温病、热病、时气病等；其次再根据症候特征、脏腑系统，把其他疾病分门别类地叙述，如把消渴、脚气、黄疸等作为独立疾病专章论述，把脾胃病、呕哕病、食不消等病列在一起，特别是把妇科疾病分为杂病、妊娠病、将产病、难产病、产后病等五类，是一种值得注意的见解。

另外，该书还有一些值得注意的描述，如“妊娠欲去胎候”，“此谓妊娠之人羸瘦，或挟疾病，既不能养胎，兼害妊妇，故去之”，还有“金疮肠断候”“拔齿损候”等，从这些记述中可以看出当时已能进行人工流产、做肠吻合和拔齿等手术，但是它们的具体方法没有流传下来，使我们不能了解当时的外科手术水平。

总之，《诸病源候论》是我国古代继《内经》《难经》《伤寒论》《金匮要略》等书之后，一部极有价值的巨著。它标志着我国古代医学理论在隋代已经发展到一个很高的水平，对后代医学的发展产生了深远的影响，也给现代医学的研究提供了有价值的参考。该书在唐代以后备受重视，许多医家都大量引用它的原文和论点。宋代还将它定为医科学生的考试科目之一。朝鲜和日本也将其视为必读的医学经典，可见，它在我国医学史上占有重要的地位。

（五）杰出的医药学家孙思邈

孙思邈，京兆华原（今陕西省铜川市耀州区）人。据《旧唐书》记载，他 7 岁开始读书，日诵千余言。弱冠之岁，即能谈老庄及百家之说，兼好释典。早年隐居于太白山，攻读医学，为百姓治病，由于学识渊博，医术高明，隋唐统治者几次请他出来做官，他都坚辞不受。隋文帝时请他当国子博士，他称疾不起；唐太宗即位，召他到京都，将授以爵位，他固辞不受；显庆四年，唐高宗拜他为谏议大夫，他又固辞不受。上元元年（674），他以有病为名，乞归乡里。终生不脱离人民群众，致力于祖国医学事业，在当时十分难能可贵。

孙思邈对医学的研究，勤奋诚笃，甚至“白首之年，未尝释卷”（《备急千金要方·序》）。一生扶危救困，品德高尚，临终前还嘱要薄葬。积毕生的精力，写下了《备急千金要方》（652）和《千金翼方》（682）两部巨著，全面地总结了唐以前特别是东汉以来我国古代医学的成就，丰富和发展了我国古代的医学理论和临床实践经验，使他成为继张仲景之后又一位有重大影响的杰出医药学家。

他说：“人命至重，有贵千金；一方济之，德逾于此。”（《备急千金要方·序》）这是书名中“千金”一词的由来。《备急千金要方》全书 30 卷，分 232 门，合方论 5300 首。虽然名为“方书”，但实际上差不多包括了一个医生所必须具备的所有理论和实践知识。卷 1 为总论性质，包括习业、精诚、理病、诊候、处方、用药等一般性论述；卷 2 至 4 为妇科病；卷 5 为儿科病；卷 6 为五官科病；卷 7 至 21 为内科病；卷 22 至 23 为外科病；卷 24 至 25 为解毒与急救；卷 26 至 27 分别为食疗与养生；卷 28 为脉诊；卷 29 至 30 为明堂、孔穴等针灸疗法等。其内容之广泛，规模之宏伟，是前代各种医书所无法比拟的，堪称我国古代医学的百科全书。《千金翼方》为孙思邈晚年著作，全书30卷，作为对《千金要方》的补充，内容涉及本草及临床各科，尤以本草、伤寒、中风、杂病、痈疽等的论述为突出。对祖国医药学的发展做出了巨大贡献。

千百年来，人们一直怀念敬仰孙思邈，称他为“药王”，不断修葺他的庙碑，并多次刻印他的著作，在他诞生500周年的时候（1081），宋朝曾下诏为他刻立石碑，详载他的生平事迹，并绘制塑像。1961年，我国邮电部还发行他的纪念邮票，以示对他所做贡献的充分肯定和崇高敬意。

孙思邈生于隋开皇元年（581），卒于唐永淳元年（682）。但据清同治十一年（1872）为其立的墓碑上记载“生于周宣帝（578—579）时”和《旧唐书·孙思邈传》记载“周宣帝时，隐居于太白”，则他的生日当在公元578年以前。不过多数学者考证为生于公元581年，当是百岁以上的老人。

孙思邈对祖国医学的贡献，大致有以下几方面。

（1）提倡高尚的医疗道德

他在《千金要方》里首列了“大医习业”和“大医精诚”两个专篇，全面地论述了作为医生应恪守的道德标准和行为规范。在文章中他认为：“凡大医治病，必须安神定志，无欲无求，先发大慈恻隐之心，誓愿普救含灵之苦，若有疾厄来求救者，不得问其贵贱贫富，长幼妍媸，怨亲善友，华夷愚智，普同一等，皆如至亲之想。”要求医生无欲无求，先发大慈恻隐之心，救人不分贵贱贫富，不论怨者、亲者、善人还是朋友，华人还是夷人，愚人还是智人，都要同等对待，都要看作自己亲人一般，在今天仍是我们从医的基本道德标准。他还说：“医人不得恃己所长，专心经略财物，但作救苦之心。”“到病家，纵绮罗满目，勿左右顾眄；丝竹凑耳，无得似有所娱，珍馐迭荐，食如无味。”提出了一身清廉，只为解救病者痛苦的高尚道德规范，在今天仍有实际意义。并且要求医生在治病过程中“不得瞻前顾后，自虑吉凶，护惜身命”，要有一股献身精神；在治病过程中“不得多语调笑、谈谑喧哗，道说是非，议论人物，炫耀声名，訾毁诸医，自矜己德”，要有一股谦虚谨慎、严肃认真的敬业精神。如若不然，“而有自许之貌，谓天下无双，此医人之膏肓也”。孙思邈还严肃地提出：医学是一门“至精至微”的学问，不能以“至粗至浅之思”而草率从事。那种认为“读书三年，便谓天下无病可治”的浅薄行为，必然会陷入“及治病三年，乃知天下无方可用”的窘境。因此“故学者必须博极医源，精勤不倦，不得道听途说，而言医道”，否则将“深自误哉”。这些极为珍贵的经验之谈，对后世都有极大的指导作用。

重视医德，是祖国医学的优秀传统。孙思邈将这一传统加以总结，以昭后人，对推动我国的医风医德建设起了不可磨灭的作用。他自己一生也身体力行，因而赢得了人民的世代尊敬和爱戴。

（2）全面地总结了历代和当时医药学的成果和经验

自汉迄隋，数百年间，由于战乱，书籍大多散失。据《隋书·经籍志》记载，尚有医方书百余部，但到了唐代，则所剩无几。收集和整理古代丰富的医学遗产，对继承和发展祖国医学事业是件至关重要的事情。孙思邈义无反顾地肩负起了这项重任，他不辞辛苦，四处走访，仅《千金要方》中就搜集整理了5000多首医方，《千金翼方》又搜集了2000多首。这些医方内容极为丰富和广泛，其中有历代流传下来的，有民间征集来的，还有从西域、印度等处输入的。正如宋代保衡、林亿在对该书校本作序中指出：“上极文字之初，下讫有隋之世，或经或方，无不采摭，集诸家之所秘要，去众说之所未至。”从而极大地丰富了祖国古代医学宝库。

孙思邈不仅仅是单录采辑，而且对其医方进行了研究整理。例如，当时医生对《伤寒论》不加研究，治疗伤寒唯大青、知母等苦寒之品，结果百无一效。他感到十分痛切，于是便着手《伤寒论》的整理工作，他认为《伤寒论》的大意“不过三种，一则桂枝，二则麻黄，三则青龙。此之三方，凡疗伤寒不出之也。其柴胡等诸方，皆是吐下发汗后不解之事，非是正对之法”(《千金翼方·伤寒》)。说明了桂枝、麻黄、青龙是伤寒太阳病的治疗主方。

经过孙思邈的研究整理，《千金方》中许多方剂至今仍是医学常用的名方。如犀角地黄汤、大小续命汤、孔子枕中丹、贤沥汤等。也有许多方剂，被后人化裁而发展成新方，还有许多尚未被人们重视利用的方剂，值得进一步研究。

（3）医学多学科的贡献

孙思邈的学术成就非常广泛，在医学许多学科方面都做出了贡献。例如在药物学方面，对本草学有深入的研究。《千金翼方》卷114专门研究了药物学的知识。他按《新修本草》的分类，记载了1105种（其中附药272种）药物的性味、功能、主治、别名、产地及采集的炮制方法。并且重视外来药物的吸收；重视药物的采集时节、炮制和贮藏；重视道地药材的应用，并且发现了许多新的有效药物。他不仅是一位伟大的医学家，而且是一位杰出的药学家。在妇幼保健学方面，他认为人类要繁衍昌盛，则必须重视保护妇人与小儿，因此他对妇科和小儿科特别重视，将他们列在全书之首，详细地论述了妇科病的特殊性和小儿护理的重要性，并提出了一系列简便易行、切实有效的治疗护理方法。又如对老年医学，他提出了许多独特的见解，形成了养生和养老的老年医学保健体系。他认为对老年病的治疗，应为饮食疗法和药物补益两大类，他强调“食疗不愈，然后命药”。认为“食能排邪而安脏腑，悦神爽志以资血气”，而“药性刚烈，犹若御兵，兵之猛暴，岂容妄发。”因此他记载了丰富多彩的食疗药方。他还提出了药物补益疗法，认为40岁以下体质多健，“有病可服泻药，不甚须服补药”；40岁以上，体质多衰，则“不可服泻药，须服补药”；50岁以上，肾气大衰，脏腑机能减退，五劳、七伤、六极等虚损病蜂起，宜“四时勿缺补药”。同时提倡老年人养性，要抑情节欲，如不“深思妄想”，“慎语言”，“节饮食”。还要“常欲小劳，但莫大疲，及强所不能堪耳”。主张导引、按摩，如“小有不好，即按摩挼捺，令百节通利，泄其邪气”。如果“饱食即卧，乃生百病”……这些对祖国的养生学、老年医学做出了贡献。

隋唐时期，祖国的医学进入全面发展时期。这一时期，出现了许多著名的医学家，除孙思邈之外，还有王焘、杨玄操、张文仲、韦慈藏、许智藏、甄权、崔知悌等。其中贡献较大的要数王焘和他的《外台秘要》。

王焘，陕西郡县人，约生于公元670年，卒于公元755年。系唐宰相王旻之孙。他编著的《外台秘要》一书，奠定了他在祖国医学史上的地位。

《外台秘要》是继《千金方》之后，又一部大规模的综合性医学著作，约成书于天宝十一年（752）。全书40卷，分1104门，载方6800余首。据王焘自序介绍，他少年多病，喜好医术，后任职弘文馆，也就是国家藏书馆，在其中任职20年，使他能接触大量医学经典，从中摘抄。后被贬官，四处游医。手中有医方，又加上自己实践和广泛收集，使他能写出这部鸿篇巨著。

该书的主要功绩：一是整理和保存了从古代到唐初的大量医学典籍。初唐以前的医学著作，除《伤寒论》《甲乙经》《巢氏病源》《千金方》及《鬼遗方》我们今天尚能看到外，其他均已散失。而在《外台秘要》一书中，我们能看到许多已散失著作的部分内容。如《范氏方》83 条、《集验方》176 条、《小品方》111 条、《删繁方》108 条、《深师方》30 条、《经心方》22 条、《古今录验方》264 条、《广济方》216 条、《崔氏方》165 条、《张文仲方》134 条、《必效方》121 条、《许仁则方》15 条、《刘氏方》24 条、《近效方》72 条、《救急方》83 条、《延年秘录》96 条、《备急方》139 条等等。正如清代徐大椿评价，"《外台》一书，纂集自汉以来诸方，汇萃成书，历代之方于焉大备"；"唐以前方赖此以存，其功亦不可泯"（徐大椿《医学源流论》卷下，"千金外台论"）。其二，《外台秘要》所论疾病范围很广，许多也有创造性的成就。如《天行温病》中描写天花（斑疮、登豆疮），从发疹、起浆到化脓、结痂，对其发病过程作了详细的说明，并能根据痘的色泽、分布来诊断预后的吉凶。在内科方面，特别重视急性传染病，虽历时千余年，许多与我们今天的理论基本一致。说明当时对这些急性传染病的诊断、防治达到较高的水平。又如，该书卷 11 引李郎中消渴方云："消渴者，每发即小便至甜"，这是世界上关于糖尿病人小便发甜的最早记载。

作为一个历史上的医学家，王焘也有他的局限性，例如他的书中不录针法，只录灸法。他说："针能杀生人，不能起死人，若欲录之，恐伤性命。"（《外台秘要》卷 39）可见他对针法存有一定偏见。尽管如此，他也是这一时期继孙思邈之后对祖国医学做出卓越贡献的医药学家，他的《外台秘要》一书，至今仍是我国医药学界最有价值的参考文献之一。

（六）藏医

酥油

酥油是似黄油的一种乳制品，是从牛奶、羊奶中提炼出的脂肪。酥油还是藏族食品之精华，高原人离不开它。

青稞

青稞是大麦的一种变种，是藏族人民常食用的粮食。主要分布在西藏、青海、四川省甘孜和阿坝藏族自治州以及云南、贵州的部分地区。

[illegible]医即西藏地区的医学。它[illegible]医学的一个部分，但又有[illegible]的特点。在我国少数民族[illegible]藏医学具有完整独特的学术[illegible]

[illegible]历史悠久，西藏地区各族[illegible]长期的生产劳动过程中逐[illegible]起丰富的医药经验。早在公元前几个世纪，西藏地区的人民就已经认识到一些动、植、矿物能解除人身疾病的痛苦，认为“有毒必有药”（《仑布加汤》木刻板，第七页）。其后，又有酥油止血和青稞酒治疗外伤的经验。由于藏族有天葬的风俗，经常解剖尸体，在人体解剖学方面比汉族有更清楚的认识。由于吐蕃王朝的建立（629），西藏地区社会经济得到了恢复和发展，藏医学也迅速发展起来。据《吐蕃王朝世系明鉴》记载，贞观十五年（641），唐文成公主出嫁西藏，随带物品中有“治四百零四种病的病方一百种，诊断法五种，医疗器械六种，医学论著四种”。曾由汉医僧圣天及藏族译师达玛郭卡将其中部分译成第一部藏文医书《医学大全》（藏名《门杰钦木》）。随后，藏王又聘了内地医生韩文海和印度医生巴热达札、大食医生嘎林，共同编写了一部综合性的医书《无畏的武器》（藏名《敏吉村长》），松赞干布曾明令藏

医生传习。唐龙景四年（710），唐金城公主入藏，再次带去了大批医书，当时，汉藏医师根据这批医书的内容，结合藏医的实际经验，共同编写了藏医名著《月王药诊》(藏名《门杰代维加布》)。因为《医学大全》和《无畏的武器》已经失传，所以《月王药诊》成为现存最古老的藏文医著。这部书记载了人体解剖知识，各种病源病理和各种疾病的治疗方法，载各种药物300余种，除一部分与祖国内地相同外，不少均为西藏高原所特产。书中介绍的灌肠、放血、艾灸等治疗方法，至今仍被藏医所沿用。唐代汉藏联系密切，吐蕃王朝不断用重金聘请内地及各国名医入藏传授医术，编写医学著作，促进了藏医学的发展。这一时期编译和出版的藏医著作很多，如汉医僧善恕，王室侍医比吉、赞巴希拉与印度医生达玛热扎合作编写《汉地脉诊妙诀》《消肿神方》《放血铁莲》《穿刺巧技》等30余部医著，赤松嘎瓦、僧能和敬虚编写的《杂病治疗》《艾灸明灯》《配方玉珠》等，贤狄嘎尔巴编写的《甘露药钵全书》，

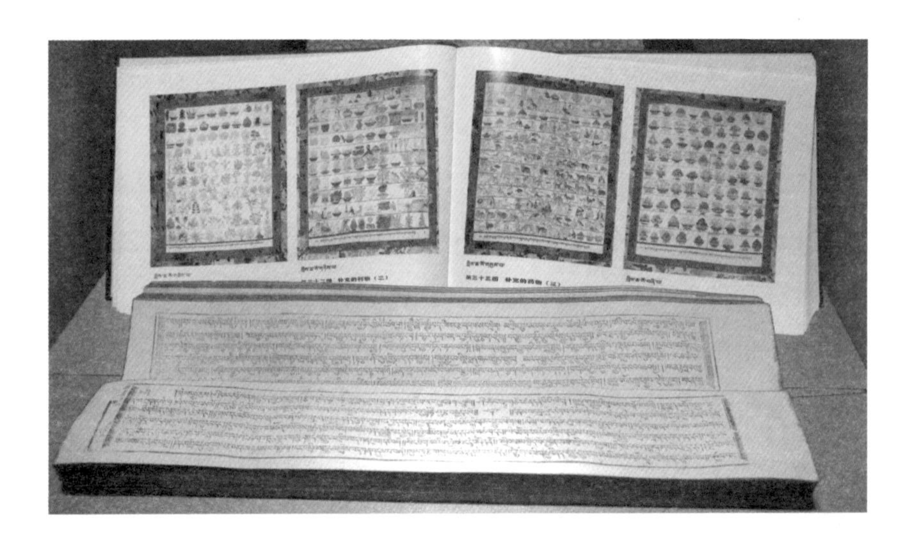

《四部医典》

《四部医典》被誉为藏医药百科全书，是藏医药学中最系统、最完整、最根本的一套理论体系。2018年6月，《四部医典》入选《世界记忆亚太地区名录》。

古雅班兹阿编写的《外治九则》，等等。这一时期，最为著名并为藏医学的发展做出巨大贡献的是宇妥·元丹贡布和他编写的《四部医典》。

宇妥·元丹贡布，8世纪著名的藏族医学家。生于西藏堆龙德庆地区，家族世代为医，幼年即非常勤奋，到过内地、印度和尼泊尔等地学习医术，曾跟随东松嘎瓦学习医术，是吐蕃王朝中期九大名医之一。他精于内科、妇科，还应用精神疗法、针灸疗法治病，都有较好疗效。曾被赤松德赞任命为吐蕃王朝首席侍医。他结合藏医的特点，系统地总结了西藏各族人民丰富的医学经验，结合个人的临床实践，广泛吸收《医药大全》《月王药诊》等书的精华，经过20多年辛勤努力，主持编辑了举世闻名的藏医经典著作《四部医典》(藏名《居希》)。

《四部医典》全书分为四部，共24万余字，156章，另有79幅色彩鲜明、描绘细致的人体解剖图、药物图、器械图、脉诊图和饮食卫生防病图等。第一部《总则本集》，为医学总论；第二部《论述本集》，讲述解剖、生理、病因、病理、药物、饮食、器械和疾病的诊治原则；第三部《秘诀本集》，为临床各论，讲述内、外、妇、儿、五官各科的疾病症状、诊断和治疗方法；第四部《后续本集》，除补充脉诊和尿诊外，着重介绍各种药物的炮制和用法。

《四部医典》全面论述了藏医学的理论，记载了藏医学丰富的临床治疗经验，从而为藏医学体系的形成奠定了基础。由于藏医学是一个独立的医疗体系，它广泛地吸收汉民族以及国外先进的医学知识，加之几千年来藏族同胞具有丰富的医疗实践，因此具有很高的学术价值，尤其是对于某些疑难病症，有独特的治疗效果。《四部医典》一刊行，即受到西藏地区及邻近国家人民的重视。长期以来，学习藏医的外国学者从未间断，它被译成多国文字，在国外广泛传播。最先发表关于《四部医典》研究文字的西方学者，为匈牙利人乔玛，他在1835年孟加拉出版的《亚洲学报》第37期上发表了一篇题为“一部西藏医学著作的分析”的文章，介绍了他对《四部医典》的研究。1903年和1905年，俄国根据蒙文版分别翻译出版了《四部医典》的部分内容。1961年日本学者将该书部分内容译作日文出版。1973年后，《四部医典》部分内容又被译为英文、德文，在英、德两国出版。在国内，大约在18世纪，该书就被全部译成蒙文在蒙古地区传播，对蒙医学产生了极为深远的影响。1949年后还在内蒙古自治区重印了《四部医典》的蒙文版。1957年5月，上海文史馆馆员孙景风译出《四部医典》的部分内容，是我国见到的最早的汉文摘译本。1983年10月，人民出版社出版了由李永年翻译的汉文《四部医典》全文。这些充分说明《四部医典》这部著作具有光辉的历史价值，经千年而不衰，这是我国人民的骄傲。由于《四部医典》的特殊贡献，千百年来藏族人民把宇妥·元丹贡布奉为“医圣”，极为推崇，他在我国医学史上也占有光辉的一页。

（七）中外医药的交流

隋唐时期，由于医药学的迅速发展，使我国成为亚洲医学的中心。中外医药的交流，较以往任何时期都更加频繁。这些相互交流，既丰富了我国医学内容，也对世界医学的发展做出了贡献。

我国与日本的医学交流起源很早，早在秦始皇时代，就曾派徐福东渡日本寻取长生药物，由于没有找到，徐福留在了日本。以后两国不断遣使来往，文化交流十分频繁。公元552年，我国曾给日本《针经》一套；公元562年，吴人知聪携《明堂图》及其他医书164卷赴日。公元608年，日本遣小野妹子使隋，得《四海类聚方》300卷以归，同年又派药师惠日、倭汉直福因等来我国学医，经15年学成归国，带去了《诸病源候论》等中国医书。公元733年，日本僧人荣睿、普照来华留学，越十年，于公元742至扬州，向唐僧鉴真学习，并延请鉴真东渡讲学，鉴真毅然应允。

徐公祠

徐公祠位于山东烟台徐福镇，其背靠汉宣帝祭拜过的乾山，面对齐国八神主之一的月主祠所在地莱山。

鉴真俗名淳于，广陵江阳（今江苏扬州）人。博学多识，精通医药，先后五次东渡日本均未成功，在他66岁高龄，双目失明的情况下，又第六次东渡，终于在天宝十二年（753）东渡成功。鉴真此去不仅为传戒，还带去了许多药材和药方，使祖国的医学在日本传播，他曾治愈了日本光明皇太后的病，并在日本讲授医学，撰有《鉴上人秘方》一部，对中日文化交流做出了卓越的贡献。日本人甚至奉其为医药始祖。在日本“明治维新”以前，日本医学基本上是以汉医为主。据日本《大宝律令》（701）记载，当时日本沿用唐代医事制度，学习中国医书，形成所谓“汉方医学”。可见中国医学对日本影响之大。

朝鲜是我国的比邻，早在

鉴真

鉴真是唐代高僧，日本律宗初祖，也称“过海大师”“唐大和尚”。

2000 多年前就与我国有历史交往。我国的医书很早就大量输入朝鲜。公元 693 年，朝鲜设医学博士教授中国医学，其医事制度也仿效中国。同时朝鲜的药物和医学知识也传入中国，在我国的医学著作中，曾记载有许多朝鲜医药。如唐《新修本草》和《海药本草》中记载有朝鲜的白附子、元胡素等药物。唐《外台秘要》卷 18“脚气”条的方子，称出自“高丽老师方”等。说明当时中朝医药交流情况。

印度古称“身毒”或“天竺”，是世界文明古国，宗教和医学历史十分悠久，也很发达。我国和印度交往历史可追溯至很早，自汉代张骞赴西域后，两国政府和民间开始密切交往。在两国来往中，我国一些医药输入印度，如人参、茯苓、当归、远志、麻黄、细辛等，被印度人誉为“神州上药”。公元 7 世纪时，唐代的义净和尚，在印度度过了 20 个春秋，不仅向印度学法，而且也向印度介绍中国医学的丰富内容和医疗技术。在他归来后写的《南海寄归内法传》中称：“针灸之医，诊脉之术，瞻部州中，无以加也。”说明我国当时的针灸、脉术远比印度发达。随着印度佛教传入中国，印度的大批医书也传了进来，据《隋书》和《唐书》记载，大约有 11 种之多，如《龙树菩萨药方》4 卷、《西域诸仙所说药方》23 卷、《西录波罗仙人方》3 卷、《婆罗门诸仙药方》20 卷等。在我国的医书中，也开始有反映印度医学的内容，如《千金要方》就有“凡四气合德，四神安合，一气不调，百一病生”。《外台秘要》中有“身者，四大所成也。地水风火，阴阳气候，以成人身八尺之体”。这些明显受到印度医学理论的影响。印度的医药，如郁金香、菩提树、龙脑香、质汗等在我国的医药书中多有记载。在《千金要方》《千金翼方》中还记载有印度的医方及按摩术等。说明当时印度医药的传入对我国的医学发展起了促进作用。隋唐时期，还有不少印度医生来华行医，唐刘禹锡有“赠眼医婆罗门僧诗”，可见印度眼医来我国治病的情况。当然他们也带回了我国的医疗经验和技术。中印两国的医药交流，不仅各自促进了本国医药的发展，对世界文化科学的发展也做出了贡献。

中越医药交流历史也源远流长。隋唐时期，中国许多文化名人都去过越南，如沈佺期、刘禹锡等，我国医学也随之传入越南。当时位于越南中部的林邑国，曾多次遣使来中国，送上当地一些名贵药材，同时也将中国医药带回。在唐《新修本草》《本草拾遗》等书中，也载有不少越南药物，如丁香、诃黎勒、苏方木、白茅香、榈木等。

菩提树

菩提树喜光，喜高温高湿。在中国，主要分布于广东、广西、云南，日本、马来西亚等国家也有栽培。

中国和阿拉伯国家交往也比较早。阿拉伯帝国，古称大食。据记载，公元651—789年间，大食正式遣使来唐者计有37次之多，每年经商来往的人就更多了。阿拉伯医学在8世纪初至15世纪末相当兴盛，其特点就是融合了我国、印度、希腊、罗马等国的医学。隋唐时期，中国的炼丹术传入阿拉伯，并在阿拉伯得到很大发展，对现代化学的形成和发展起过巨大的作用。被誉为医学之父的伊本·西拿，西欧人称阿维森纳，他写的《医典》，可以说是隋唐时代中阿医学交流的一次总结，其中记载了许多中国医学内容，如本草、脉学、炼丹等。美国人拉瓦尔在他著的《药学四千年》一书中认为，阿拉伯的吸入麻醉法可能是由中国传入的。

桐木

桐木可以活血破瘀祛风除湿，解毒消肿。治症瘕、产后瘀血腹痛、跌打损伤等。

这一时期，我国和东南亚、欧洲以及非洲也有交往，据《唐会要》卷100记载：元和八年，诃陵（即今印尼的爪哇）遣使献“频加鸟并异药”等。“显庆元年（656）敕往昆仑诸国采取异药。”（杜佑《通典》）昆仑，我国古代又称黑肤人，即东非一带国家。我国古代所称的大秦，即东罗马一带，又称拂菻。据《旧唐书》记载，拂菻国于“乾封二年（667）遣使献底也伽”。底也伽为一种药物，在唐《新修本草》中有记载。《新唐书》中记载，拂菻有善医，能开脑出虫，以愈目眚等。

隋唐时期，中外医药的广泛交流在我国医药史上是比较突出的，也从一个方面反映了这一时期医药的蓬勃发展。

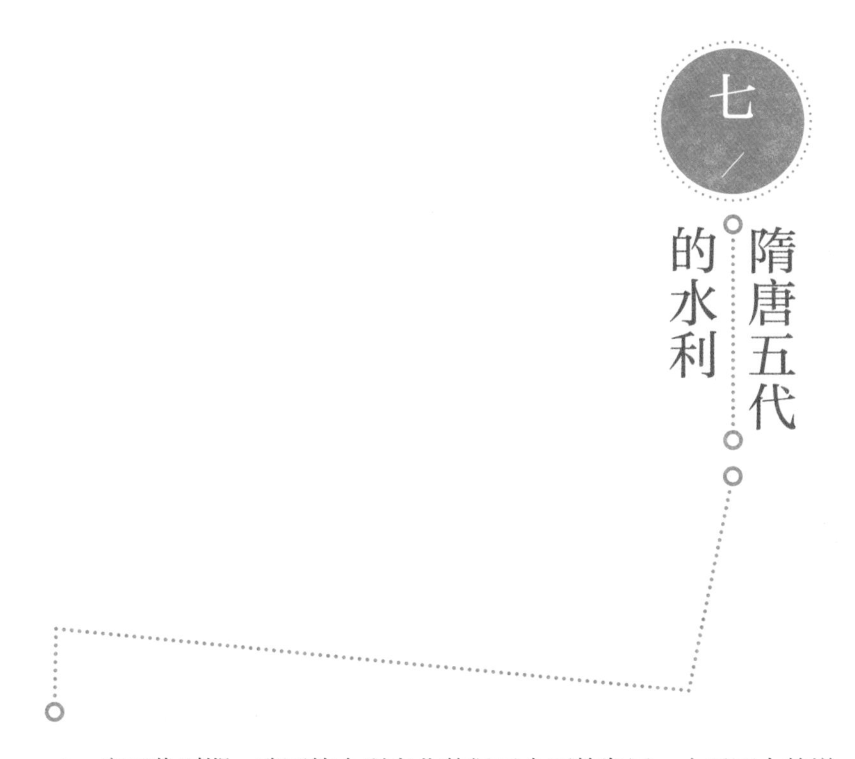

七、隋唐五代的水利

隋唐五代时期，我国的水利事业获得了全面的发展。由于国力的增强，加之封建统治者普遍重视水利建设，出现了大规模兴修水利的局面，水利学也取得突出的成就。这主要表现在治河防洪实践增多，建成了举世闻名的大运河，农田水利得到全面发展，在城市水利、水准测量和水利管理等方面都取得了丰硕的成果，从而在我国水利事业的发展历史上写下了辉煌的篇章。

（一）治河防洪实践的增多及其技术进步

我国历史上，江、淮、河、汉诸大河的治理，以治理黄河为重点。隋唐五代时期，黄河水患明显增多。据记载，隋代在37年中，仅黄河洪水就有4次，平均每9年一次。从唐贞观十一年（637）至乾宁三年

（896）这 260 年中，有记载的河溢、河决年份达 21 年，平均不到 13 年就有一次河患。五代时期的河患更为严重，除自然灾害的决口外，统治者连年征战，甚至不顾人民死活，以水代兵，使黄河水患几乎达到不可收拾的地步。在这 55 年中，有明文记载的黄河水患达 18 次之多，平均每 3 年就有一次河患。

在河患面前，封建统治者为了维护自己的统治，不得不采取一些措施，开展对黄河的治理。

隋至唐初，治河防洪尚处于过渡时期，一般为堤防的渐次修筑，没有记载有大的治理活动。初唐以后，开始有了较大规模的治河活动的记载。

据《册府元龟·邦计部·河渠》记载，最早的一次治河活动是在开元十年（722），这年六月，博州黄河堤坏，唐玄宗派博州刺史李畲、冀州刺史裴子余和赵州刺史柳儒等进行治理，并命按察使萧嵩总领其事，从委派三州地方长官，并有按察使总领其事来看，其治河规模不会太小。

第二次是开元十四年（726），冀州河溢，魏州黄决。据《新唐书·裴耀卿传》记载，当时“诸州不敢擅兴役”，任济州刺史的裴耀卿在未奉朝命的情况下，率众抢护堤岸，抗洪治河，这一次治理成绩比较显著，济人因此曾为他立功德碑，以示纪念这一次治河活动。

另外还有两次，一次是在元和八年（813），据《旧唐书·宪宗本纪》记载：“河溢，浸滑州羊马城之半。”郑滑节度使薛平、魏博节度使田弘正，经宪宗批准，征役万人，“于黎阳界开古黄河道，南北长 14 里，东西阔 60 步，深一丈七尺”，分黄河水入新河，“滑人遂无水患”。后一次是咸通四年（863），东都暴水漂民居，滑州刺史萧仿奏请唐懿宗批准，采取改河的办法，“移河四里，两月毕工，画图以进”（《旧唐书·萧禹萧仿传》)。

五代时期，由于河患增多，治河规模和次数都较前代为多。如《册府元龟·邦计部·河渠》记载：天成元年（926），邺都差夫15000于卫州界修河堤；长兴元年（930），滑州节度使张敬询，自酸枣县界至濮州，修堤防一丈五尺，长200里；后晋天福七年（942），宋州节度使安彦威修河堤，督军民自韦城之北筑堰数十里；开运元年（944），滑州河决，派人进行堵塞；后周广顺三年（953），河南河北诸州大水，发“郑州夫一千五百人修原武河堤”。后周世宗柴荣即位（955）后，针对当时黄河连年崩溃的情况，命宰相李谷督师6万，堵住连年决口，自阳谷至张秋口，水患少息。

由于治河实践的增多，治河的经验和技术比前代有了进步。由于这一时期文献多不记载具体治理的方法，更详细的情况我们不能得知，但从已有的文献来看，在五代时，已有遥堤出现。后唐同光二年（924）修酸枣县河堤，当年失败，第二年春命平卢节度使符习修酸枣县遥堤（《册府元龟·邦计部》）。这是关于遥堤的最初记载。遥堤，又称大堤，宋代以后成为治河的主要措施之一。另外，当时护堤工程已有大量用草的记载，如后唐清泰元年（934），河中府曾取秋草七千围堵塞堤堰，当是埽工技术的运用。埽工是我国特有的一种护岸、堵口、护堤的水工建筑物，其方法是将薪柴、竹木、软草等夹以土石捆扎成埽捆，然后连接起来，用于护岸、堵口，具有很好的抗水冲击作用。这项技术在宋代成熟并被普遍推广使用。另外唐代在中央工部尚书下设水部，“掌天下川渎陂池之政令，以导达沟洫，堰决河渠。凡舟楫灌溉之利，咸总而举之”（《旧唐书·职官志》）。此外还专设都水监，负责“掌川泽津梁之政令”，“凡虞衡之采捕，渠堰陂池之坏决，水田斗门灌溉，皆行其政令”（同上）。在地方，除严令各州官吏负责治河防洪外，五代时还设立堤长，建立“每岁差堤长检巡”的制度，沿河一些官吏还兼带“河堤使”衔，这些说明当时在河防管理方面比前代有所进步。

（二）大运河的开凿和航运工程的发展

我国是世界上最早利用运河的国家之一。早在西周时期人工运渠已经出现，战国以后，人工运河逐渐发达起来。在隋代建立以前，一个沟通江、淮、河、海四大水系的人工运河轮廓已经初步形成。这就为隋代兴建沟通我国东西、南北的大运河奠定了基础。

公元584年，隋文帝杨坚鉴于“渭水多沙，流有深浅，漕者苦之”（《隋书·食货志》），命当时著名工程技术专家宇文恺率水工凿渠，引渭水经大兴城（长安城）北，东至潼关300余里，名曰广通渠。广通渠是在汉代漕渠的基础上开浚的，当时参加这一工程设计和规划的还有苏孝慈、元寿等人。仅仅花了三个多月时间，一条沟通长安至潼关的水运便通航了，使沿黄河西行的漕船，不再经渭水而直达长安。

开皇七年（587），隋文帝为了给渡江灭陈创造条件，又于“扬州开山阳渎，以通运漕”（《隋书·高祖纪》）。山阳渎南起江都市的扬子津（今扬州南），北至山阳（今淮安），全长300里，将长江和淮河沟通。山阳渎工程也是在旧有邗沟旧道基础上修建的。早在公元前486年，吴王夫差便开邗沟运河，因年久失修，至隋初已被淤塞。隋文帝修复了这条运河，同时还整修了汴河。

开皇十五年（595），隋文帝还对黄河三门峡险段进行了整治，“六月戊子，诏凿砥柱”（《隋书·高祖纪》）。通过这一系列工程，为进一步开凿大运河打下了基础。

大业元年（605），隋炀帝杨广继位，开始了大规模开凿大运河的建设。当年，隋炀帝下令征集河南诸郡男女百余万，开通济渠。据《资治通鉴·隋纪四》记载，这一工程“自西苑（洛阳）引谷，洛水达于河”，复“自板渚”（在今荥阳市汜水镇东北）引河通于淮，然后于淮水之南通过山阳渎，“自山阳至扬子江”。这条沟通黄淮水系的运河工程十分壮观，自东都洛阳起，至江都止，全长2200余里，渠广40步，两岸皆筑御道，并种上柳树，从大业元年三月辛亥（二十一日）开工，至八月壬寅（十五日）竣工，仅用了五个多月时间，虽然是利用了旧有河道，但也不能不说是个奇迹。

随后，在大业四年（608）正月，隋炀帝又“诏发河北诸郡男女百余万，开永济渠，引沁水，南达于河，北通涿郡”（《隋书·炀帝纪》）。这条渠也是在曹魏旧渠的基础上并利用天然河道建成的。渠分两段，一段引沁水南达于河，使河南来的船可以沿沁水而上，连接淇河、卫河等天然河流，通过今河北平原。另一段北通涿郡，利用一段沽水（白河）和一段漯河（永定河），到达涿郡郡城蓟县（今北京）南。据《元和郡县志·永济县下》记载：“永济渠在县西郭内，阔一百七十尺，深二丈四尺，南自汲郡引清、淇水东北入白沟，穿此县入临清。”这条渠长1000多公里，能通大型龙舟。大业七年（611），隋炀帝发兵征高丽，亲自乘龙舟通过此段运河，还曾“发江淮以南民夫及船运黎阳及洛口诸仓米至涿郡，舳舻相次千余里，载兵甲及攻取之具，往还在道常数十万人”（《资治通鉴》卷181），可见其通航能力相当可观。

大业六年（610），隋炀帝又在三国东吴已有运道基础上，开凿江南运河，“敕穿江南河，自京口（今江苏镇江市）至余杭，八百余里。广十余丈，使可通龙舟，并置驿宫、草顿。欲东巡会稽”（《资治通鉴》卷181），沟通了长江与钱塘江水系。

至此，一条沟通全国东西南北，全长2700公里的大运河开凿成功。它流经河南、河北、安徽、江苏、浙江五省，沟通了长江、淮河、

江南运河

江南运河北起江苏镇江、扬州，绕太湖东岸达江苏苏州，南至浙江杭州。

黄河、海河和钱塘江五大水系，是世界上最长的人工运河，也是世界水利史上的一个壮举。隋代开凿大运河并非易事，运河全长 2700 千米，范围内地形错落变化，能如此迅速开凿通航，除劳动人民付出了巨大的艰辛和牺牲外，也反映了当时我国水利工程建设具有高超的技术。这条大运河的建成，对巩固我国的统一，发展南北经济起了很大的作用。隋以后，直到清代嘉庆年间，一直是我国南北运输的动脉，历代都对其加以保护和整修。

由于隋代统治时间很短，大运河刚开凿完毕，隋就灭亡了。为了发挥大运河的航运效益，保持其通航能力，唐代对大运河进行了大规模的整修。

一是疏通河道。如唐开元二年（714），汴口渐淤，唐玄宗命李杰整修梁公堰，对渠口淤积“调发汴，郑丁夫以浚之”（《旧唐书·李杰传》）。开元十五年（727）正月，因梁公堰“新漕塞，行舟不通”，又“令将作大匠范安”及“发河南府、怀、郑、汴、滑三万人疏决兼旧河口”（《旧唐书·食货志下》）。开元二十七年（739），汴渠（通济渠）下游自虹县（今泗县）至临淮县段，长150里，水流迅急，险滩较多，河南采记使齐澣建议改建新河，称为广济新河。广德二年（764），通济渠断航淤塞，刘晏等重开汴河，并建立较好的漕运管理制度，前后管理漕运30年。对永济渠，唐代也进行了大规模地扩建，使其南段的水面扩大到宽十七丈（约56.7米），深二丈四尺（8米），保持了航运的畅通（《元和郡县志·河北道》）。在江南运河段，唐时也进行了大量疏浚工作，如贞元四年（788），扬州附近运河淤积，漕运困难，每年需要淘修。淮南节度使杜亚率众疏浚水道（《新唐书·杜亚传》）等。黄河三门险滩，梗阻了江南漕船由洛阳入陕，由于这一段河身处在峡谷之中，水流湍急，暗礁漩涡极多，航运十分困难，隋时曾进行了开凿，但没有成功。唐在隋的基础上，对三门砥柱继续开凿。显庆元年（656），发卒6000人凿三门山，未能成功。武后时，派人开凿三门栈道挽船，虽然取得了某种成功，但挽夫经常坠落摔死，唐人张鷟在《朝野佥载》中这样记述：“苟纤绳一断，栈梁一绝，则扑杀数十人。”“落栈着石，百无一存，满路悲号，声动山谷。”鉴于此种情况，裴耀卿建议用分段转运法搞水陆联运，在三门以东设集津仓，三门以西设盐仓，并于三门以北开山路40公里，“纳江东租米，便放船归”，当时称为北运（《旧唐书·食货志》）。开元二十九年（741），陕郡太守李齐物进一步开凿三门山，在三门山以北另辟新河，称开元新河，又名天宝河，东西长5里，宽4.5丈，深3—4尺，但效果不好，只能在水大时勉强过河。砥柱始终不易通槽，大约至北宋中叶即停黄河漕运。

二是接水济运。大运河虽然利用了江、淮、河、海等天然水系，但由于受地形和气候等影响，事实上很难均衡供水，缺水经常威胁正常的航运。为了确保大运河的通航能力，唐代开展了许多接水济运工程。如山阳渎一些河段，因河床较高，靠江淮供水很困难，唐时利用附近大小湖群和陂塘接水济运。据《新唐书·食货志》记载："初，扬州疏太子港、陈登塘，凡三十四陂，以益漕河。"杜亚也在兴元初年（784）"治漕渠，引湖陂，筑防庸，入之渠中，以通大舟"（《新唐书·杜亚传》）。公元826年，盐铁史王播还在扬州城南开渠，引七里港丰富水源济运。开元二十五年（737），卢晖曾在水济渠的瀛州河间县西南开长丰渠，引滹沱水入永济渠，以通漕运。在江南运河段，唐时曾引杭州西湖水入运河，刘晏管理运河时，曾有放湖水一寸，运河长一尺的说法。五代时还曾重修练湖，引湖水济运等。

在接水济运和保证运河顺利通航的过程中，唐代还开展了一系列的水利技术工程。如筑堰壅水，也就是当自然河湖水位太低，无法直接引进运河时，就在河中筑坝作堰，抬高水位，把河湖的水引进运河。如天宝元年（742），陕郡太守水陆转运使韦坚"奏请于咸阳壅渭水，作兴城堰，截霸浐水，傍渭东注至关西永丰仓下"，同渭水会合，解决漕渠的水源，使江南的漕船可以直抵长安广运潭（《旧唐书·韦坚传》）。为了防止运河水过多，出现水患，还要解决泄水的问题，据《新唐书·食货志》记载："节度使李吉甫筑平津堰，以泄有余防不足，漕流遂通。"另外，隋唐时期在大运河中还大量使用了埭和斗门等水工建筑物，用于抬高水位和保持运河水量，改善航运条件。埭，即拦河堰坝，起抬高水位的作用，船行至此，往往要卸货转运。唐时在与长江交叉的运河口均有这种设施，如京口埭、欧阳埭、伊娄埭等。堰埭虽有优点，但也有明显缺点，这就是过坝能力小，又不太安全，对于规模较大、运输比较繁忙的运河段，显然不能满足需要。于是出现了能灵活节制用水，满足通航需要的斗门。开元十九年（731），斗门首先在扬州附近的运河上使用，元和年间，斗门使用已经普遍。咸通九年（868），刺吏鱼孟威在灵渠上建了18座斗门节水通航。他“以石为铧堤，亘四十里，植大木为斗门，至十八重，乃通巨舟”（《新唐书·地理志》）。这种方法是用木制成排，安放在斗门两侧石墩上，蓄水以待行船，船到时，拉开木排放水过船，如此反复分段开闭，就可通行舟楫。这种简便易行的节水通航技术，充分反映了我国古代劳动人民的聪明才智，也为后来的船闸发展奠定了基础。当时的斗门不仅有节水通航作用，还有关闭以防潮水和洪水涌入河道的作用。

除此之外，唐代还沿大运河修了许多支流渠道，借以扩大交通运输网，同时兼有灌溉之利。据《新唐书·地理志》记载，仅关中水运网新凿的供水渠道和运河就达12项之多，如高宗咸亨三年（672），把广通渠由长安向西延伸到宝鸡的东南边，取名升原渠，引渭水东流，经眉县、武功、兴平，与成国渠相通，在咸阳东入渭水，又可通千水，运陇州一带木材入长安。另外还在开封附近建一条湛渠，引汴水注入白沟（今河南开封县北），以通曹、兖等州。长庆初年，又在兖州开盲山故渠，使泰山附近的渠系也纳入汴渠的交通网之中。为了扩大永济渠的交通网，唐代还在运河沿岸的清河郡、沧州以及任丘等地开凿张甲河、无棣河等运渠，使那里的物资源源不断运往长安和内地。在长江流域，除已形成的运河运输网外，唐代还积极开发沿江运输网，疏浚嘉陵江上游略阳以下200里航道，沟通与关中的水道联系。当时，在长江中游，北行有江汉航道，经丹江与关中相通，经唐白河，可陆路接转黄河；南行入洞庭湖，经湘江、过灵渠，沿桂江而下，直达广州；入鄱阳湖则可经赣江，陆路通北江而至广州。在长江下游，北行可经邗沟淮河，与汴水、泗水相通；入巢湖，陆路转肥水，可接淮河与颍水相通；南行入江南河，经富春江，陆路转信江而接赣江，转北江直至广州。正如唐代崔融所描述的，当时“天下诸津，舟航所聚，旁通巴汉，前指闽越，七泽十薮，三江五湖，控引河洛，兼包淮海。弘舸巨舰，千舳万艘，交贸往还，昧旦永日”（《旧唐书·崔融传》）。四通八达的航运网，给唐代的经济繁荣创造了十分便利的条件。“自是天下利于转输”，“运漕商旅，往来不绝”（杜佑《通典》），江南的丝绸、铜器、海产，四川的布匹，西湖的稻米，广东的金银、犀角、象牙等都络绎不绝地运到长安或是北方的涿郡。随着航运的发达，沿河两岸的商都城市也日益增多和繁荣，大大促进了唐代经济的发展。

（三）农田水利工程的全面发展

隋唐五代时期，我国的农田水利建设进入了一个全面发展的时期。封建经济之本在于农业，水利又是农业的命脉，因此，封建统治者比较重视农田水利的建设。隋代在它建立的第二年，尚书元晖就开渠引杜阳水，灌溉三畤原地数千顷（《隋书·元晖传》）。据《隋书·地理志》记载，当时在京兆郡的武功县，有永丰渠和普济渠；在经阳县，有茂农渠；在沁水，有利民渠；在河东蒲州（今山西永济市），“立堤防，开稻田数千顷”（《隋书·杨尚希传》）等。唐王朝建立以后，更加重视农田水利的建设，仅据《新唐书·地理志》记载的全国水利工程就已有236处，加上其他志传所载的水利工程就更多，唐代的水利建设遍及全国各地，而且规模超过了以前各代。

唐代前期（618—755），农田水利建设主要在北方开展。这一时期，由于社会比较安定，北方经济有了较大的发展，水利工程十分普遍。如关内道，著名的水利工程有京兆府的郑白渠和六门堰。郑白渠原为战国时代修建的郑国渠和西汉时修建的白渠，因年久失修，泥沙沉积，几乎失去了作用。公元619年，唐建立的第二年，即派人清除泥沙，恢复其灌溉作用，其灌溉面积多达4万公顷。永徽六年（655），因“大贾竟造碾硙，堰遏费水，渠流梗涩”（杜佑《通典》），唐高宗派官检查渠上碾硙，尽数毁撤，但“未几，所毁皆复”，此后，唐代不断地检查达官贵人在渠上架设的碾硙，减少渠水的浪费，使百姓大获其利。唐德宗时期（780—804），还组织人力在郑白渠以南另开辟了太白渠、南白渠和中白渠，通称“三白渠”。沿渠设立了28个斗门，用来控制水流和适时灌溉。三渠之间又有支渠相连，总灌溉面积达万顷以上。六门堰在武功县西，有闸门六座，控制渭北的韦川、莫谷、香谷、武安等河下入成国渠的水量。这个工程前身是汉代的成国渠，咸通十二年（871）加以重修，可以灌溉“武功、兴平、咸阳、高陵等县田二万余顷”（宋敏求《长安志》）。在华州和同州，著名的水利专家姜师度曾先后修筑三条渠道和一个水库。

姜师度（650—723），河北魏县人，开元年间曾担任华州刺史和同州刺史。他在任职期间，不仅勤于为政，而且有巧思，“颇知沟洫之利”，在他任华州刺史时，曾在华县西24里的地方开敷水渠，又在开元四年（716）于华县开利俗渠、罗文渠，分别引乔谷水和敷谷水灌田。开元七年，在他任同州刺史时，“又于朝邑、河西二县界，就古通灵陂，择地引雒水及堰黄河灌之，以种稻田，凡二千顷，内置屯十余所，收获万计”。由于他“好沟洫，所在必发众穿凿”，当时人称他是“一心穿地”的水利专家（《旧唐书·姜师度传》）。在灵州回乐县（今灵武县西南），“有二渠，一为特进渠，灌田六百余顷，一为薄骨律渠，在县南六十里，灌田一千余顷”（《新唐书·地理志》）。在丰州九原县（今内蒙古五原县）内，“有陵阳渠，建中三年（782），浚之以灌田”，又“有咸应、永清二渠。贞元十二年至十九年（796—803）刺史李景略开渠，灌田数百顷”（同上）。在夏州朔方县（今陕西横山县西），“贞元七年（791）开延化渠，引乌水入库狄泽；溉田二百顷”（同上）。在河东道，农田水利事业也相当发达，据《新唐书·地理志》记载，在太原府的太原、文水，河中府的虞乡、龙门，绛州的曲沃、闻喜，晋州的临汾，泽州的高平都兴修了水利工程。如贞观中，“长史李勣架汾引晋水入东城”，修建了晋渠。开元二年（714）在文水县东北开甘泉渠、荡沙渠、灵长渠、千亩渠等，“俱引文谷水，传溉田数千顷”。唐德宗时期，绛州刺史韦武还开凿汾河引水工程，“灌田万三千顷”。这些农田水利工程建设，大大促进了当地的农业生产。在河南道，农田水利自古比较发达，唐时除对原已形成的古老灌渠大加整修外，还新修了许多水利灌溉工程。据《新唐书·地理志》记载，河南道的水利工程有24项，其中大部分为唐前期的工程。如灌溉陂渠大者有陕州陕县（今三门峡西）的利人渠，颍州汝阳（今阜阳市）的椒陂塘，及下蔡（今凤台县）的古陂工程等，灌田都在数百顷以上。唐开元中（713—741），蔡州大修新息县（今河南息县）的玉梁渠，为渠塘结合式工程，可灌田3000顷。这些水利工程对中原地区农业丰收起了很大作用。

安史之乱后，为了恢复被破坏的北方经济，唐也积极开展农田水利建设。如宝历元年（825），河阳节度使崔弘礼“治河内秦渠，溉田千顷”（《新唐书·崔弘礼传》）。大和七年（833），河阳节度使温造“修枋口堰，役工四万，溉济源、河内、温县、武德、武涉五县田五千余顷”（《旧唐书·文宗本纪》）。大中年间（847—860），怀州修武县令杜某在县西北20里开新河，“自六真山下合黄丹泉水南流，入吴泽陂”（《新唐书·地理志》）。

唐代后期（756—907），因安史之乱，北方经济遭到很大的破坏，人口大量南迁，南方经济相对发展起来。这一时期，农田水利工程以南方为主，而且水利工程的规模和技术成就超过了唐代前期。据新旧唐书记载，南方以塘堰为主的各类水利工程约 130 项。其中江南道居首，依次为剑南道、淮南道、山南道和岭南道。如以安史之乱为分期，前期工程数不到 40%，后期则超过 70%。最能反映唐代农田水利工程技术成就的是它山堰水利工程和塘浦圩田灌溉系统。

它山堰工程位于今浙江宁波西南 25 公里以外的鄞江桥镇西南，始建于唐大和七年（833）。它是当时鄮县（今宁波鄞州区）县令王元暐主持修建的灌溉工程。它山堰工程建在奉化江的上源鄞江上，鄞江发源于四明山，流域面积 382 平方公里，为鄞江平原和宁波市区的主要水源，

它山堰

它山堰是古代中国劳动人民创造的一项伟大水利工程，它与郑国渠、灵渠、都江堰合称为中国古代四大水利工程，是全国重点文物保护单位，人选世界灌溉工程遗产名录。

奉化江下游是入海河道，坡降平缓，稍遇天旱，河水减少，海水咸潮就上溯，使得“民不堪饮，禾不堪灌”，严重影响城乡人民的生活和灌溉用水。据宋代魏岘的《四明它山水利备览》记载，为了解决这一问题，王元暐深入实际，认真勘察，终于发现了“两山夹流，铃锁两岸”的它山。这里两山相距约150米，山岩裸露，夹束江流，是建坝的优越地址。该工程由三部分组成，即大坝、溢流堰、水渠。大坝是主体工程，起着拒咸蓄淡的主要作用，上游淡水被拒后引入南塘河灌渠，用于灌溉和利用，下游涌上的咸水不能入内。为了防止洪水期南塘河水量过大，给灌区带来水灾，又在南塘河下游修了乌金、积渎、行春三座溢流堰，这样涝时可将多余水泄掉，旱时利用湖汐将顶托上来的淡水入河。作为配套工程，又开渠引南塘河水灌溉鄞西平原并引入宁波城，供居民饮用。整个工程设计非常合理，效益十分突出，技术也很先进。尤其是坝体结构，全部用块石砌筑，是我国建坝史上首次出现的以大块石叠砌而成的拦河滚水坝。据魏岘记载：“堰脊横阔四十有二丈，覆以石板，为片八十有半，左右石级各三十六。岁久沙淤，其东仅见八九，西则皆隐于沙。堰身中空，擎以巨木，形如宇屋，每遇溪涨湍急，则有沙随实其中，俗谓护堤沙。水平沙去，其空如初，土人以杖试之，信然。堰低昂适宜，广狭中度，精致牢密，功侔鬼神，与其他堰埭杂用土石竹木砖藤，稍久辄坏者不同。”据对现存遗址实测，坝长134.4米，坝顶第一级宽3.2米、高0.65米，第二级宽4.8米、高1.3米，上下游面各有36级石砌台阶，全部用长2—3米，宽0.5—1.4米，厚0.2—0.35米的条石砌成，与魏岘记载大体相同。据水准测量，坝顶标高为吴松基面5.23米，如果加上坝基河底标高6米，大坝总高11—12米，至于坝身中空的原因，虽有不同解释，比较有说服力的说法是，这可能是一座空腹式重力坝，如果认为中间为其他填充物，因年代久远被水冲走，那么历代维修均不见有填充的记载。很可能是利用坝身中空减少对条石的耗费，同时又利用洪水中挟带大量泥沙自动填塞坝心，达到增加坝体稳定性的目的。

总之，它山堰工程是我国古代水利工程中的一朵奇葩，它反映了我国在唐代就已具备高超的水利设计和施工技术。它山堰建成后，历代都对其不断增修，一直发挥着拒咸蓄淡、利诸灌溉的效益，直到 1975 年在鄞江上游建立新坝，它的作用才被替代。

塘浦圩田系统形成于何时，史载不详，一般认为始创于唐代中晚期，五代时有所发展，至南宋时大盛。塘浦是指湖区的河网，沟渠南北向者称为纵浦，东西向者为横塘。圩田则是利用湖泊淤地发展起来的一种农田。塘浦圩田工程内容，就是开挖塘浦，疏通积水，以挖出的土构筑堤岸，兼有防御外水和从事灌溉的作用。不过至唐时，这种塘浦圩田发展规模较大，往往有几万亩之多，其中灌渠密布，形成一种灌区，当时以太湖地区的塘浦工程最为著名。据李翰《苏州嘉兴屯田纪绩颂》（《唐文粹》卷二十一）载："嘉禾（今嘉兴）土田二十七屯，广轮曲折千有余里。""嘉禾一穰，江淮为之康；嘉禾一歉，江淮为之俭。"可见，当时太湖塘埔圩田工程具有相当的规模，对治理太湖流域低洼农田，引水灌溉和太湖流域经济的发展起到相当大的作用。塘浦圩田工程是我国湖区劳动人民在长期治水、治田过程中的经验总结，正如宋代范仲淹在《答手诏条陈十事》中所说："江南旧有圩田，每一圩方数十里，如大城，中有河渠，外有门闸，旱则开闸引江水之利，潦则闭闸拒江水之害，旱涝不及，为农美利。"五代时，承袭了唐代遗产，对塘浦圩田系统大加保护，并且利用军队和强征役夫修浚堤河，使塘浦圩田发展得更加完备。据《十国春秋》记载：吴越贞明元年（915），"治河筑堤，一路径下吴淞江，一路自急水港上淀山湖入海"，"宝正二年（927），浚柘湖新泾塘改道由小官浦入海”。这些港埔的疏浚，保持了湖水入海的通畅，为发展塘浦圩田提供了条件，使低田常无水患，高田常无旱灾，保证了农业的丰收。

另外，江浙海塘工程在唐代也有了很大发展。据《新唐书·地理志》记载，唐代先后三次比较系统地兴筑江浙海塘，第一次是开元元年（713），在杭州盐官县重筑“捍海塘堤，长百二十四里”；第二次是开元七年（719），李俊之增修防海塘，“自上虞江抵山阴百余里，以蓄水溉田”；第三次是大历十年（775）和大和六年（832），皇甫温和李左次等先后两次增修会稽县“防海塘”，长度都在百里以上，有效地阻止了涌潮对濒江沿海一带的威胁。

（四）城市供水、水准测量及其他

我国古代城市一般都建在临近水源的地方。但随着社会的发展，城市人口逐渐增多，供水的矛盾便日益突出起来。唐代长安城规模十分宏大，东西南北各长达 8000 余米，面积达 84 平方公里，人口 100 多万，是当时世界最大的一座都城。在 1000 多年前要解决这样的大城市供水，确实是件了不起的事情。据新旧唐书记载，当时城市供水工程有 8 处，另有漕运兼供水 4 处，共 12 处。长安城的明渠供水主要有三条：隋开皇六年（583）在城东引浐水北流入内苑的龙首渠，唐武德六年（623）引南山水入城，又从城西南引交水入城的永安渠，还有从皇子坡引浐水西北流入城的清明渠。另外，还有供漕运的人工运道，除广运潭外，天宝二年（743）在城西引渭水入金光门，运木至西市，修潭停贮。大历元年（766），又引浐水接此渠，并从西市向东开，转北，沿皇城、宫城东墙，北入内苑，叫运木渠。除此而外，在城东南隅有曲江池，又名芙蓉池，为唐代游览胜地，相传为隋宇文恺所开，自南山开黄渠，引义峪水入池，然后和城内水渠相通，灌注了不少公私园池。以上这些纵横交错的供水渠网，保证了长安城内人畜用水和运输的需要。当时长安城内排水系统也很发达，据记载，街道两侧都有与街平行的排水沟，水沟两侧绿树成荫，每坊都有砖砌的暗沟与之相通，污水经过暗沟流入明沟，然后排出城外。这样发达的城市供排水系统，除长安城外，在其他的一些城市也有，如东都洛阳：自城西西苑引谷水洛水，苑周100 公里，内有海周 5 公里左右；又有三陂、洛水横贯洛阳城；在城东南，建有滚水堰；大足元年（701）开洛漕新潭，停泊船只等。在太原城，井苦不可饮，长史李勋架汾引晋水入城，以甘民食等。充分说明唐时的城市供水系统十分先进。

在兴建水利工程的同时，水利工程的测量技术也有了很大的进步。唐人李筌的《太白阴经》和杜佑的《通典》详细记载了当时测量地势所用的水平（即“水准仪”）的结构和使用方法。据李筌《太白阴经》记载，当时的水准仪，由“水平”“照板”“度竿”三部分组成，其构造是：“水平槽长二尺四寸，两头中间凿为三池。池横阔一寸八分，纵阔一寸，深一寸三分。池间相去一尺四寸，中间有通水渠，阔三分，深一寸三分。池各置浮木，木阔狭微小，于池空三分，上建立齿，高八分，阔一寸七分，厚一分。槽下为转关脚，高下与眼等，以水注之。三池浮木齐起，眇目视之，三齿齐平，以为天下准。或十步，或一里，乃至十数里，目力所及，随置照板。度竿亦以白绳计其尺寸，则高下丈尺分寸可知也。”“照板”是一方形板，长四尺（约合 1.33 米），其中下面二尺为黑色，上面二尺为白色，宽三尺，手柄长一尺。“度竿”即测竿，长二丈（约 6.7 米），其刻度精确至“分”，共 2000 分。从这种水准仪的结构及其使用方法来看，至少有以下明显进步：一是利用仪器的水平视线和标尺测竿的配合，去测两地间高差，是测量史上的重大突破，至今我们还在运用这一工作原理。二是照板设计成黑白二色，大而醒目，目力所至都可以测量。并且以黑白交线作为观测线，提高了测量的准确度，提升了测量实效。三是水平的浮木设计为三个，是为校准不平而设立的，当池中注水后，根据三个浮木是否齐平，从而确定仪器是否水平，确保测量结果的准确性。如果设置两个浮木，则一个不准，就会影响测量的结果，也不易校平。而设置四个则会显得烦琐和没有必要。四是立齿设计也独具匠心，便于目力集中，提高测量的精确度。通过以上分析，可以看出当时水准仪设计的科学性和构思的巧妙性，这也是当时劳动人民的聪明和智慧的体现。在当时大规模的水利工程建设中，这种测量仪器及其测量方法，对保证工程的进度和质量起了巨大的作用。

另外，隋唐时期也十分重视水文的观测和记录。在大量的地方府县志、笔记以及史书中详细记载有水文情况。最为有名的是四川涪陵县长江中的白鹤梁石鱼枯水题刻，一共镌刻了 163 则古代石刻题记，记录了自唐广德二年（764）以来 72 个枯水年份。根据题刻分析，长江上游每三五年内有一次枯水期，十至数十年有一次较大枯水期。该题刻为研究长江水情变化提供了历史数据。

在水利工程建设不断发展的同时，隋唐时期也重视对水利建设的管理，除中央工部尚书下设有水部和都水监外，水利管理人员及其职权范围还进一步具体到渠堰斗门。如《唐六典》记载："凡京畿之内，渠堰陂池之决坏，则下于所由而修复之。每渠及斗门，各置长一人，至于灌田时，乃令节其水之多少，均其灌溉焉。每岁，府县差官一人以督察之，岁终录其功，以为考课。"唐代的水部还制定了更为细致的水利管理章程——《水部式》。原书已佚，现存为敦煌千佛洞中所发现的残卷，共 29 段，分为 35 条，约 2600 余字。其内容包括了农田水利管理、水碾水硙的设置及其用水量的规定，还有航运船闸、桥梁、津渡等的管理和维修，以及水手、工匠、夫役和物料的来源和分配等，规定得相当细致。如规定“京兆府高陵县界，清白二渠交口著斗门堰，清水恒准水为五分，三分入中白渠，二分入清渠”。如遇雨水过多，“即与上下用水处相知开放，还入清水”。对各级水官的职责也有明确的规定，并建立考核制度。例如要求“诸渠长及斗门长，至浇田之时，专知节水多少，其州县每年各差一官检校，长官及都水官司，时加巡察。若用水得所，田畴丰殖，及用水不严并虚弃水利者，年终录有功过附考”等。这些严格而具体的水利法规制度，保证了当时水利建设的发展，是唐代水利事业进步的一个标志。

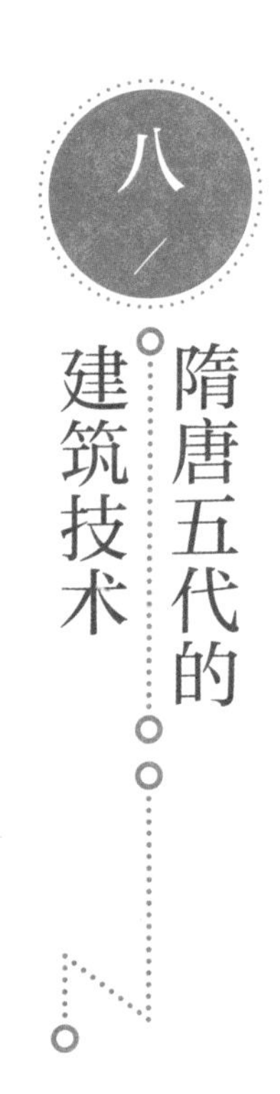

八 隋唐五代的建筑技术

在中国古代建筑史上，隋唐五代以其精美的建筑和出色的建筑技术而著称于世。其成就主要表现在以下几方面：隋代采用的“坦弧石拱”的建桥技术，隋唐城市建筑的总体规划设计思想和木结构为主体的建筑体系，以及砖石结构等先进技术的广泛应用。在此基础上，能工巧匠们创造出许多令人叹为观止的杰作，隋唐建筑也以其特有的技术风格，谱写了中国古代建筑史上的重要篇章，从而确立了这一时期富有民族特色的建筑思想体系和技术规范体系的历史地位。

（一）“坦弧石拱桥”的杰作

赵州桥又称安济桥，是我国现存最古老的石桥，也是世界上现存最古老、跨径最大的敞肩坦弧石拱桥。它坐落在河北省石家庄东南赵县城

赵州桥

赵州桥，又称安济桥、大石桥，位于河北省石家庄市赵县。1961 年，赵州桥被国务院公布为第一批全国重点文物保护单位。

南 5 里的洨河上。赵州桥由隋代著名工匠李春（生卒年月不详）等人建造。于隋开皇十五年（595）开建，至大业元年（605）建成。唐玄宗时中书令张嘉贞撰写的《石桥铭序》记载：“赵州洨河石桥，隋匠李春之迹也，制造奇特，人不知其所以为。”由于认识水平的制约，古人只能仿其形制建造石桥，但难以深知赵州桥的奥妙所在，所以都达不到赵州桥的水准。直到 1933 年，著名建筑学家梁思成先生对赵州桥进行实地考察，才揭开了这座古桥的秘密。1953—1958 年，专业技术人员在当地开展了大规模的勘查和发掘，赵州桥的千古之谜终于被彻底揭开。它在桥梁形制、确定桥址、材料选择等方面都体现了高度的科学性，表现出优异的科学性能及设计者高超的整体设计能力，至今在桥梁建筑史上占有极高的地位。

1. 桥型与桥址的科学构思

赵州桥为单孔圆弧石桥，南北向，总长 50.83 米、宽 9.6 米，桥拱净跨 37.02 米，拱矢净高 7.23 米。拱矢和跨度之间的“矢跨比”为五分之一左右，即 1∶5.12，桥高比拱弧的半径小得多，整个桥身只是圆弧的一部分，所以称之为单跨坦弧。这种结构使桥面比较平缓，便于车辆和行人的通行。该桥的巨型跨度在桥梁建筑史上独树一帜，其技术水平在古代居于领先地位。

桥型的设计不能脱离桥址的自然地理条件，赵州桥可谓两者的完美结合。赵县是隋代南北交通大道上的重要县邑，当时叫栾州，号称“四通之域”。它北接涿郡（今河北涿州），南达皇都洛阳。一路上车来人行，运输繁忙。然而大道被水量丰富、船运频繁的洨水截断，只有建造一座桥梁，才能确保水陆交通畅行无阻。桥梁建筑一般选在河床稳定的地方，而洨水是一条山区径流性河道，水位落差可达 7—8 米。所以，桥址选在洨水中下游的赵县一带，这里河床顺直且较为稳定。事实证明，李春等人当年的选择是非常明智的。千余年来，这段河道基本未动，河床淤积也不多。1953 年修缮时证实，失落河底的拱石仅在河床下一米，可见桥的建设者们在选择桥址时，就充分考虑了水文、地质的情况，以保证水陆交通

李春

李春，今河北邢台临城人士，隋代造桥匠师。他建造的赵州桥，开创了中国桥梁建造的崭新局面，为中国桥梁技术的发展做出了巨大贡献。

运输的需要。这是拱桥千年不败、巍然屹立的重要原因之一。

洨水发源于山西太行山区，每逢夏秋时节，“大雨时行，伏水迅发，建瓴而下，势不可遏”。在这样的河道上，如果建造 10 米以内的多跨木梁桥或多跨石梁桥，既难以满足水上航运的需要，又对排水泄洪不利。因此，李春等匠师作了充分的比较和精心的构思之后，才确定了建造前所未有的大跨单孔石拱桥的方案。洨水流经栾州地段，两岸地势平坦，要建造一个近 40 米的石拱桥，就必须突破传统的建造形式。如采用常见的半圆形拱弧，会使桥高增至 20 米以上，桥高坡陡致使车马行人难以通过，而且桥梁自身的重量也成倍增加，河床的冲击性亚黏土层也无法承受。为了降低桥面坡度，减轻桥梁自重，只有另辟新型而创建圆弧形敞肩拱桥。所谓圆弧形拱，就是桥高小于拱弧的半径，整个桥身只是圆弧的一部分，易于形成敞肩，所以能降低坡度，减少重量。此外，李春等匠师采用低的拱脚位置和减少拱顶填充土石的方法。由于拱顶回填土石的厚度仅有 30 厘米厚，也就减轻了桥梁的自重；由于采用了最低的拱脚位置，致使桥梁的纵向坡度降为 6.5% 左右，即前进 100 米，只升高 6.5 米，这就大大方便了水陆交通运输。

石拱桥的主要受力构件是拱券，而拱券的拱脚处比拱顶的承受力要大得多，因此，桥梁设计建造者们从纵向、横向两个方面加大了拱脚的受力面积。沿着纵向，在拱背两侧平铺一层护拱石，靠拱脚处约 30 厘米厚，向拱顶部分逐渐变薄，最顶部的护拱石仅有 16 厘米厚。在横向上，做成拱顶窄于拱脚券石，以利于拱券的横向稳定。

赵州桥的另一项成就，是在大拱券的两肩上各建两个小券，打破了拱肩实填沙石的传统建筑形式。这种结构与实腹拱肩结构相比，具有小孔洞辅助排泄洪水、增加汛期桥下过水流量的优点。按照孔洞的截面计算，四个小孔洞可增加流水面积 16.5%，而且还减轻了桥基负载，增加了桥体的安全性。

2. 赵州桥的力学性能

赵州桥不但以桥型与桥址的科学构思著称于世，而且它的成就还丰富了结构力学的理论。一般说来，桥的拱石具有极高的抗压强度，但是抗拉强度却非常低。因此，许多石拱桥往往因受拉开裂或折断而招致破坏。运用现代力学原理对赵州桥进行计算和分析，由于它采用了扁平的圆弧，并且在圆弧上开设四个小拱，又在拱顶上采用 30 厘米厚的薄填石，就使拱券的中心线，即拱轴线和恒载压力线十分接近，使拱券各个横截面上均匀承载，而受到的拉力则极小。这样，就大大提高了拱券的承受能力和稳定性。

对于赵州桥的力学性能，民间还流传着这样一个故事。鲁般（班）与妹妹鲁姜商定，在一夜之间各自建一座石桥。赵县城西门外清水河上有座永通桥，为金明昌年间（1190—1195）赵人裒钱所建，其造型、结构及艺术风格与赵州大石桥十分相似，后世称之为“小石桥”。传说中鲁姜建造的小石桥就是永通桥。由于妹妹的技艺不如哥哥，黎明前大石桥已接近完工，而鲁姜的小石桥还相差很多，眼看就要输给哥哥，妹妹十分焦急。这时，诸天神路过此地，察知情由，便请来张果老和柴王爷牵制鲁般（班）。张果老骑着驴，柴王爷推起车，二人来到大石桥上。他们施法搬来五岳名山，褡裢里还装着太阳、月亮、星星，把大石桥压得摇摇欲坠。鲁般（班）见状，急忙跳入水中，双手用力把桥托住，保住了大桥，桥上便留下了驴蹄印，车道沟和手印等“仙迹”。此时，小石桥已造好，而且完美无缺，妹妹获胜。类似这样的神话故事，在古籍中也有记载，如元代初年的《湖海新闻夷坚续志》后集《鲁般造石桥》，就有“桥上则有张神所乘驴之头尾及四足痕，桥下则有鲁般两手痕”的记载。楼钥在南宋乾道五年（1169）撰写的《北行日录》中，记述了他陪同汪大猷出使金国北上路过赵州桥，亲眼见到“桥上片石有张果老驴迹四”。清同治年间所绘的《赵州石桥神话传说图》，图上关帝阁上题有“古迹仙踪”四字。

用现代力学的观点来分析，“仙迹”颇与力学原理相合。对并列砌券法砌筑的石拱桥来讲，重车靠桥边通过时，对桥的安全十分不利，而桥面上的驴蹄印、车道沟、膝印等“仙迹”均在桥面东侧三分之一部位。明代翟汝孝在《重修大石仙桥记》中称，仙迹是行车外缘的界限，车辆应在桥的中央通行。东侧桥下手印部位，是受力最大部位的标记，用“手”托住对桥的安全有利。这些“仙迹”时时提醒人们，万一石桥出现裂痕，造成损坏时，可在手印部位用木架支撑，以便于维修，确保大石桥安全。这个古老的神话传说充分说明了隋代的鲁般（班）——能工巧匠李春——已经对建筑力学有了一定的理解，并能够成功地加以运用，从而为桥梁建筑结构力学的发展做出伟大贡献。

3. 科学选料与精心施工

赵州桥这一土木建筑史上划时代的伟大工程，千百年来雄姿不减，是与其精心施工、科学选料分不开的。唐朝张鷟在《朝野佥载》中描绘说：“赵州石桥甚工，磨砻密致如削焉，望之如初月出云，长虹饮涧。上有勾栏，皆石也，并为石狮子。龙朔年中（661—663）高丽谍者盗二狮子去，后复募匠修之，莫能相类者。”足以说明赵州桥的施工技术之精湛。

赵州桥的建设者们在拱券砌筑方面，继承了汉代以来造墓拱、桥拱的传统砌筑方法，并进行了创新，采用并列砌券法，即将大拱券和肩上的小拱券均“化整为零”，桥的纵向分为 28 券，逐一砌筑合拢。每个大拱券由 43 块重约 1 吨的拱石组成，拱石厚度为 1.03 米，长度为 0.7 米到 1.09 米左右，以满足砌筑设计所要求的圆弧拱状；拱石宽为 0.25 米到 0.4 米，每块宽度不等，以便于砌成拱顶窄拱底宽的大拱券。在主拱券的上面，伏有变厚度护拱石，在空腹段，用护拱石满铺；实腹段则仅镶于桥宽的两侧，拱券外形似变截面拱。令人惊奇的是，拱石各面均凿有斜纹，相当细密，提高了拱石之间的抗剪力，加强了拱石间的结合；而且在拱石纵向间安放了一对腰铁，使每个拱券成为坚实的整体。即使将拱券单个取下，也不会像一般石拱桥的拱券那样，成为一堆散了架的拱石。

赵州桥所选用的材料也很精到合理。造桥所用的石料，是从距赵州桥 30—60 公里的元氏、赞皇、获鹿等县开采的。利用严冬季节，用浇水法建成冰道，使石料沿冰道滑动运到桥头。石质为青白色石灰岩。1955 年对赵州桥进行修缮时，对这种石料进行了测试，其平均抗压强度为每平方厘米 1000 千克力，容重为每立方米 2.85 吨，而且耐寒耐热性好，冻融 10 次无裂纹。

此外，建造者还合理采用了其他的材料和技术。如拱石间全部用白灰或泥浆砌筑，浆极薄，提高了拱券的抗压强度；利用当时冶铁技术和铁制工具，在主拱跨中的拱背上均匀安有五道铁栏杆，四个小拱顶也各安一根。铁栏杆两端有半圆球头，伸在拱石外，借助拉力与剪力使拱券形成一个整体。合适的材料加上精心的设计与处理，大大地加强了桥的牢固性，使赵州桥这一桥梁建筑的瑰宝得以完整地保留下来。

4. 造桥技术对中外的影响

李春开辟敞肩圆弧石拱桥的先河，对中外建桥技术产生了巨大的影响，受到了历代中外名人、学者的赞美。唐玄宗时中书令张嘉贞的《石桥铭序》盛赞："赵州洨河石桥，隋匠李春之迹也，制造奇特，人不知其所以为。试观乎用石之妙，楞平砧斫，方版促郁，缄穹窿崇，豁然无楹，吁可怪也！又详乎叉插骈坒，磨砻致密，甃百象一。仍糊灰璺，腰铁栓蹙。两涯嵌四穴，盖以杀怒水之荡突，虽怀山而固护焉。非夫深智远虑，莫能创是。”唐张彧在桥铭中曰：“郡南石桥者，天下之雄胜，乃揆厥绩，度厥功，皆合于自然。”元代的刘百熙行至赵州桥后，久久不愿离去，并赋诗一首：“谁知千古娲皇石，解补人间地不平；半夜移来山鬼泣，一虹横绝海神惊。水从碧玉环中过，人在苍龙背上行；日暮凭栏望河朔，不须击楫壮心生。”

其他诸如“长虹上碧天”“虹腰千丈驾云间”“飞楹自夺天工巧，有窍能分地景幽”的赞美佳句不胜枚举。

赵州桥不仅在国内享有盛名，在国外也产生巨大反响。英国知名学者、中国科技史专家李约瑟教授，在《中国科学技术史》中评价，李春建成安济桥后，“显然建成了一个学派和风格，并延续了数世纪之久”，“弓形拱是从中国传到欧洲去的发明之一”。1321—1339 年，法国人才建成赛兰特（Pont de caret）敞肩拱桥，但这座桥的大拱接近半圆，净跨 45.5 米，超过了赵州桥，而桥宽仅 3.9 米，不及赵州桥宽的一半。赵州桥跨径纪录，在世界上保持了 730 多年。真正的敞肩圆弧拱，在西方直到 19 世纪才出现，系法国工程师保尔于 1809—1903 年第一次用于阿道尔夫（Pont Adolphe）桥。

李约瑟教授还说过：“这些桥使我们认为，在全世界没有比中国人更好的工匠了。”美国建筑专家伊丽莎白·莫克在她出版的《桥梁建筑艺术》一书中称赞赵州桥：“结构如此合乎逻辑和美丽，使大部西方古桥，在对照之下，显得笨重和不明确。”

1300 多年来，该桥经历了洪水、地震等自然灾害的袭击，和频繁使用的考验，至今依然完整壮丽，保持着古老苍劲的雄姿，正如《赵州志》中所称：“奇巧固护，甲于天下。”赵州桥将永远向世界显示我国古代在桥梁建筑技术方面所取得的辉煌成就。

（二）卓越的城市建筑及总体规划设计思想的形成

隋唐五代的城市建设取得了举世瞩目的辉煌成就，建成了当时世界上最繁华的大都城——隋大兴城及后在此基础上扩建而所的唐长安城，充分地表现出当时城市建筑技术的进步和总体规划设计思想的形成。

1. 隋代著名建筑家——宇文恺

宇文恺（555—612），字安乐，朔方夏州（治所在今陕西靖边县）人，官至太子左庶子，隋代著名建筑家。他曾从事过水利、桥梁、长城等建筑工程，发明了观风行殿。据《中国通史简编》记载，此殿离合便利，下设车轮，行车可携带，合并成一大殿，能容纳数百人。但他最为突出的成就是兴建隋都大兴城。开皇二年（582），隋文帝杨坚令他负责规划设计和督造新都城。他在规划建造大兴新都前，遍访了北魏都城洛阳、曹魏都城邺城，从中吸取城市建设的经验。经过考查，他认为汉长安城“凋残日久”，“旧经丧乱”，加之水皆咸卤，不甚宜人，水量不足，在建新都时应引为借鉴。因此，他突破了旧有的城市建设思想的束缚，充分考虑了自然条件和经济因素的影响，结合城址龙首原一带的地形特点，对城市建设进行了周密的规划设计。采用先建城墙、再辟道路、修建坊里的施工程序，使新都在总体上气势恢宏、布局整齐；又充分利用了地形的变化，使建筑高低错落，参差有秩，独具特色。这些都充分反映出宇文恺杰出的设计才能。

此外，隋唐时代与长安齐名的名都洛阳也凝聚着宇文恺的心血。洛阳因其地形险要、气候温和、土地肥沃、物产丰富，从东周起，先后有九个朝代在此建都，有“九朝名都”美称。隋炀帝登基后，就把洛阳改为首都，将西安作为陪都。为此，隋炀帝派宇文恺到洛阳设计建造新都。宇文恺在洛阳城内先后建天经宫、筑西苑、挖龙鳞渠，修十六院，堂殿楼观，究极华丽。他修建的东都洛阳极为壮观。宇文恺以他杰出的建筑才华和总体设计规划的思想，在我国古代建筑史上写下了光辉的一页。

2. 隋唐长安城总体规划设计及建筑技术的进步

隋、唐时期，统治者为满足自身需要，动用了巨大的财力和物力修皇城、建行宫、立楼台亭榭，大兴土木。

秦朝国都建在咸阳，其地处关中平原、渭水北岸西，后又将都城建于渭水南岸长安。隋文帝统治中国后，命令当时著名建筑家宇文恺负责规划、设计、督造新都宫城。该工程始建于开皇二年（582）6月，第二年隋文帝杨坚迁入宫城，并将新都定名为大兴城。大兴城规模之大前所未有，面积达83平方公里。

在公元7世纪到9世纪的300年间，长安城曾是闻名遐迩的世界性的贸易、文化交流中心，其宏大的规模和严谨的城市规划也著称于世。

长安城位于关中平原，今西安市的所在地。它北临泾河、渭河，西有沣河、黑水，南有洨水、潏水，东依灞、浐二河，称八水绕长安。南面与终南山相对，可谓气候适宜，物产丰富、风景宜人。长安城的前身是隋朝的大兴城，由于隋朝统治很短，被唐朝取代后，唐朝统治者则以隋大兴城为都，并更名为长安城。

唐代定都长安后，该城市的规划和布局承袭了隋大兴城原有的面貌，同时又根据经济的发展及城市管理的需要，进行了扩建和改造。长安城的建设者们，在城市的建设和改造过程中，既充分考虑到城市建设的地形和管理、经济、文化生活以及交通、水源、城市园林建设等多方面因素，又依据封建社会高层统治者的需要和首都所面临的各种问题，进行了全面的、科学的规划和全方位的周密布局。将长安城分成“宫城”“皇城”和“罗城”三大部分进行建设和改造，使之成为当时世界上功能齐全、建筑物最雄伟、城建规模最大、最具管理水平的国际大都市，在城市建筑发展史上写下了光辉的篇章。

（1）按功能规划建造宫城、皇城和罗城

为满足帝王统治的需要，长安城的设计者首先考虑修建了皇帝的居住地——宫城。设计者将其布置在长安城中央的最北面。宫城南北长1492米，东西宽2820米，周长8.6千米，城墙高11米多。宫城按其需要又用宫墙分隔成三个部分。西面是“掖庭宫”，是嫔妃居住和宫女们学习技艺的地方。东部建“东宫”，供太子居住，办理政务。中部为大内，又叫西内，隋唐时命名为大兴宫和太极宫。太极宫共由16个大殿组成，为唐太宗李世民起居和朝见文武百官的场所。每逢国家庆典或重大节日时，皇帝就登上太极宫南面的承天门号令全国。唐代时又陆续扩建了大明宫和兴庆宫两处宫殿，被人们总称为“三内”。

唐大明宫始建于公元634年。鉴于宫城所处的地势较低，而且比较

大明宫遗址

大明宫位于今西安，是大唐帝国的大朝正宫，也是唐朝的政治中心和国家象征，被誉为“中国宫殿建筑的巅峰之作”。1961年，大明宫遗址成为第一批全国重点文物保护单位。

潮湿，因此，唐太宗李世民命人在宫城东北角龙首原上兴建永安宫，供唐高祖李渊居住，第二年改名为大明宫。此后唐高宗李治又对此进行了大规模的改建，其规模远远超过太极宫。李治以后的历代皇帝大部分在此听政。

大明宫由30多座宫殿组成，含元殿为正殿，供国家举行大典时使用，北面的宣政殿、紫宸殿是当朝听政的场所，麟德殿、延英殿则用来宴请百官、接见使节等。在这些宫殿中，以麟德殿规模最为宏大。该殿南北长130多米，东西宽70多米，建筑面积达8000多平方米，这是已知的我国古代最大的单栋建筑，而且造型独特，格局新颖，其气魄之大远远超过北京故宫的“前三殿”，是唐代宫殿建筑的优秀代表作。

兴庆宫地处城东，又称为“南内”。“三内”之中，南内占地最少，

兴庆宫

兴庆宫位于西安市碑林区，是唐朝著名的宫殿，是唐玄宗时期的重要议政场所。1957年5月31日，兴庆宫遗址被列入陕西省文物保护单位。

但仍有2000亩之多。唐玄宗李隆基做晋王时，曾在兴庆坊居住，登基后，于开元二年（714）兴建此宫，开元十四年进行了扩建，直到开元十六年建成。此后，唐玄宗在这里起居、听政。兴庆宫是一座园林式的宫廷建筑群，宫内建有兴庆殿、南薰殿、长庆殿、花萼相辉楼、沉香亭等建筑。这些装饰豪华富丽的楼台亭阁与宫内湖水相映生辉，加之园内名花荟萃，还有婀娜多姿的垂柳、岁寒不雕的苍松翠柏，使兴庆宫成为一座具有高度艺术价值的帝王宫苑。

皇城是长安城又一重要组成部分，它是中央官署的所在地。皇城亦称子城，位于宫城南面，占地面积和宫城相似，东西宽2820米，南北长1843米，周长9公里左右。皇城南面正中设朱雀门，东有安上门，西是含光门；城东设有延禧门和景风门；城西有安福门和顺义门。东西两面城门彼此对称。皇城内街道整齐，南北向5条街，东西向7条路。皇城与宫城中间辟有东西走向的大街，称为横街。据史册记载，横街街宽300步（合441米），是长安城内最宽的大街，太极宫的承天门临街，因此，又经常在此举行重大庆典，同时还可以供兵士操练，实际上这条大街又是一个能进行各种活动的广场。

罗城是唐长安城的外廓城，系百姓居住区。罗城从东、西、南三面将宫城和皇城围在其间。罗城东西宽9721米，南北长8651米，周长36.7公里。周边建有高6米的城墙。外廓城共开12座城门，每面开门三座。依据我国古都规划布局中中轴对称、方正规划的传统思想，南面的正门设明德门与皇城正门朱雀门和宫城的承天门相对，同在中轴线上。正门的东侧开有启夏门，西侧为安化门；西面三门金光门居中，开远门在北，延平门在南；东三门中间是春明门，北有通化门，南有延兴门；北面三门因中部被宫城所占，所以三门开在中轴线以西的位置上，北面三门中景耀门在中间，光化门在西，芳林门在东。各城门均建有城门楼。除明德门外，均设有三个门洞，而明德门为五开洞，十分壮观。当时，出入城门时，要“入由左，出由右”，管理有序。城里南北向 11 条大街，东西向 14 条大街，纵横交错，形成网格布局，将罗城之内划分为 110 个街坊（隋代时称“里”）。其中，长安城里的两个商业区——东、西两市——共占四坊之地，另外由于城东南角的一坊划入曲江池风景区，实际上有 109 个里坊。各坊都修有坊墙，坊墙大约高 3 米，各坊都形成独立的体系，好似一个个的小城。里坊主要是居民的住宅，据宋代的《长安志》载，城里共有居民 8 万户。坊里开设有商业店铺及手工业作坊。长安城的这种整齐划一的格局，被当时的诗人白居易生动地描述为“百千家似围棋局，十二街如种菜畦”。

在城市建设中，长安城的设计建造者依据地形地貌将宫城建在地势较高的北部，而在相毗邻的南面布置皇城，在宫城、皇城的周围修建外廓城作为居住区和商业市场，不但突出了城市的主要建筑，而且也有利于朝廷、官府机构处理朝政、办理公务。同时，又用多重城墙和严密规整的街坊，将皇室、官宦、贵族、平民等不同阶层分隔开来，从根本上改变了汉代长安城民居、宫室相混杂的状况。这种布局手法突出了封建统治权力中心的地位，对我国后来的都市建设规划有着重大的影响。

（2）设置东市、西市，繁荣城市经济

为繁荣城市经济，城市建设者们在长安城规划建设了两个商业区，即东市和西市。隋代时把东市叫“都会市”，西市称为“利人市”。两市地处皇城东南和西南，各占地两坊，位置东西对称。市内的井字形街道将市场分割成九个区域。这里既是长安城的经济活动中心，又是国内外最大的手工业和商业贸易集散地。

据发掘考证，两市南北长各 1000 多米，东西宽 900 米，井字街的中央部分设有“市”“署”“平准局”，是市场管理和税收机构。沿街店

唐长安西市模型

长安西市的商业交易非常繁荣，长安城是当时的全球第一大城市。

铺林立，从事绢丝、珠宝、服装、称量器皿等220行，千余肆邸，商贾云集。皇亲贵族常光顾于东市，日本高僧圆仁在他的《入唐求法巡礼记》中记载，会昌三年（843）六月二十七日，“夜三更东市失火，烧东市曹门以西二十四行，四千四百余家，官私财物、金银绢药总烧尽”。可见东市商家之多、经济繁荣之盛况。

西市则有“衣肆”“坟典肆”“药材肆”“麦行”“绢行”“帛行”“秋辔行”以及寄附铺等多种行业。许多外国客商也在此设店经营，大诗人李白曾赋诗曰：“胡姬招素手，延客醉金樽”，真实地反映了来自中亚的商人在我国从事国际贸易的活动情况。由此可见西市的商业活动繁荣程度胜过东市。东西两市的设置，基本上满足了长安城市生活的需要，扩大了国际经贸往来，促进了唐代经济的发展。中唐以后，各里坊逐渐开设商行，兴办手工业。如崇仁坊“一街辐辏，遂倾两市，昼夜喧呼，灯火不绝”。整个长安呈现出一派繁荣的景象。

3. 规划严谨、整齐有序的街道建设

在城市建设方面，道路建设占有极为重要的地位。长安城的建设者们经过周密的规划，对道路建设进行合理的布局，使长安的街衢整齐，道路宽阔平直，对城市的生活与经济发展起到了重要的基础保障作用。

长安城的罗城共有东西走向大街14条，南北向大街11条。道路中最重要的是南北走向的朱雀大街，它南起明德门，向北穿过朱雀门，直通宫城的承天门。因为这条街北起承天门，人们又称其为“天街”。朱雀大街是贯穿都城南北的中轴线上的主干道，其他各条街均以此路为基准进行修建，形成全市性的道路网。皇城内的道路也是如此，南北街五条，东西街七条。各坊里也都有一条大街或十字大街，还有按规划修建的纵、横曲巷及顺墙街道。诗人白居易盛赞长安“十二街如种菜畦”的确是当之无愧的。

街道不仅布局整齐，而且十分宽阔。朱雀大街宽度达150米，可与北京现代的东西长安街相媲美。当皇帝出行时，朱雀大街有数以万计的车马仪仗队通过，盛况空前。其他通往各城门的大街宽度也在百米以上。位于宫城和皇城之间的大街叫横街，以其宽阔而闻名。根据文献记载，横街宽300步，实测宽度220米，是长安城内最宽的大街。这条街还具有广场的功能，当时经常在承天门前举行庆典和军事操练等活动。

此外，还有供皇帝专用的道路，在东城与城墙之间，平行筑有夹城，把大明宫、兴庆宫和曲江池连接起来，供皇帝出游时使用。

各大街的两侧都修有排水沟，主要的道路上还建有路拱。经发掘，朱雀大街的排水沟宽3.3米，深度为2.1米。在坊和东、西市的巷道下面也修有砖砌的排水暗沟，并与大道两侧的明沟相通。大街两侧的明沟由于沟宽，因而在交叉路口处都架有桥。这样既解决了长安城的排水问题，又保证了道路的畅通。在排水沟和路的两侧，整齐地植有榆树、槐树、柳树等行道树，形成了美丽、实用的林荫大道，为宏伟的长安城增添了秀丽的色彩。

4. 建设科学的给排水系统

在城市建设中，给水、排水问题是一个非常重要的问题。汉代长安城建在今西安城北5公里的一片高地上，前后历时约100年，才完成了都城的建设。隋文帝统一中国后，曾设想利用汉长安城址作为都城，除因该城几经战乱已破败不堪外，另一重要原因是汉长安靠渭水太近，不但易遭水患，而且易受盐卤侵害，影响水质，造成饮用水源不足。所以在建设新都和扩建长安的过程中，十分重视给排水系统的建设。隋代时，就先后开凿了龙首、永安、清明三条水渠。城东龙首渠将浐河引入城内。龙首渠分为二支。一条经城东春明门往北，通过通化门北面的兴宁坊流入城内，城墙下有一个1米宽的用砖石混合砌筑的涵洞，向西注入兴庆宫的龙池，再向西流入皇城，北折注入太极宫的“山水池”，然后北流注入“东海”。另一支渠由城外北流，经过城的东北隅，折西流入大明宫东苑的“龙首池”，再流入西内苑，后汇合永安渠，北流入渭河。

建设者还在城南开凿了永安渠，引浐水向北流入城内，经西市东侧入苑，并流注渭河。青明渠则引浐水经安化门向西流入城里，再向北入皇城，进宫城注入南、北、西三海。供应西城与皇城用水。

唐代天宝元年（742），又在城西引浐水修筑了一条“漕渠”，自金光门北流入城内，到西市的东街注为潭。通过漕渠可将南山的薪炭、木材等物资运到西市，以满足长安城的需要。

这些给排水工程，有效地解决了长安城的供水排水问题和航运交通问题，同时也有利于城市的绿化，并形成良好的小气候。诗人王建在《早春五门西望》诗中描写说：“宫松叶叶墙头出，渠柳条条水面齐”，反映了宫城里的松树和永安渠两侧植柳的情况。

由于使用渠水较为便利，当时不少贵族及官僚商贾之家纷纷引渠水入第，建造私家园林。

曲江池是隋唐时期有名的风景区，在长安城的东南隅，因低洼处有水，所以林木繁茂、风景优美，汉代称“乐游苑”，隋代称此为“芙蓉园”。因为水道弯曲又被称为“曲江”。唐代时又加以疏浚，唐玄宗时开挖了黄渠，将水引入曲江池。曲江池水面南北约 1360 米，东西约 500 多米，周长近 4 公里。康骈《剧谈录》记述唐代曲江池的风景说：“开元中疏凿为妙境，花卉周环，烟水明媚，……江侧菰蒲葱翠，柳荫四合，碧波红蕖，湛然可爱。”曲江一池水给统治阶级带来极为高雅的享受。由此可知，长安水系的发展不仅满足了统治者的需要，在客观上也推动了城市绿化和园林建设。

隋唐长安城的空间尺度和规模，堪称古代世界第一。因为它是在平地上新建的，建筑家们能借鉴以往都城建设规划和布局的经验，充分发挥设计才能，使之成为我国古代都城建筑的典范。它的建设和扩建经过了充分规划和周密计划，建设者在前期充分地分析和预见到封建国家都城所面临的地形、管理、交通、水源、绿化、经济、文化生活等各种问题，加以科学的安排，遂成此城。长安城的建成标志着当时我国的建筑科学发展到了极高的水平。

唐长安城建筑宏伟、壮观，街道整齐，道路宽广砥直，绿树成荫，渠水环流，人丁兴旺，百业俱兴，在世界大都市中独占鳌头，影响波及其他国家。如日本古都平城京、平安京的建设，就完全模仿唐长安的规划，甚至连朱雀大街和东、西市的名称都是一样的。长安城已成为城市建设、特别是坊里制城市的典范。

（三）木结构建筑技术体系的确立

木结构建筑是我国古代建筑的主体。木结构建筑的主要构件有柱、梁、枋、檩、椽等。各构件之间，采用榫卯连接，具有取材容易、结构简单，施工方便的优点。因此，木结构建筑技术在古代就已被人们广泛地采用了。我国古代许多规模宏大的建筑工程，都采用了这种技术。特别是到了唐代，形成了以木结构建筑技术为中心的建筑技术体系。在现存的唐代木结构建筑中，最具代表性的建筑有五台山南禅寺正殿和佛光寺大殿。

佛光寺地处山西五台县城东北 32 公里佛光山腰。寺因势而建，坐东向西，三面环山，唯西向低下而疏豁开朗。寺内殿阁巍峨，建筑高低错落，主从有致。据《古清凉传》记载，寺创建于北魏孝文帝时期（471—499），隋唐寺院兴盛，名扬长安、敦煌等地，远及日本，《高僧

佛光寺大殿

佛光寺创建于北魏孝文帝时期，是世界文化遗产（五台山）、国家重点文物保护单位。

传》《佛祖统纪》《法苑珠林》等经籍中均有记载。佛光寺的主要建筑原为弥勒大阁，是五台山著名佛寺。唐武宗会昌五年（845）禁止佛教，寺宇被毁。宣宗继位后复兴佛法，重建东大殿。根据殿前石幢刻字与殿内梁架上题记核实证明，现存山腰的东大殿系唐代大中十一年（857）重建。大殿雄伟古朴，居高临下，俯瞰全寺。殿前基址甚高，有片石砌筑，其上筑以台基。殿向面宽七间，进深四间，高约 32 米，单檐四阿顶形制。殿前檐当中的五间安装有大型板门，在两个尽间及两个后间安装有直棂窗，便于殿内后部采光。大殿采用内外槽结构。即由内外两周柱子组成。一周内柱称为内槽，一周外柱称为外槽。大殿则由 30 根柱子组成内、外槽平面。内槽空间阔五间，进深两间，空间较大，主要供佛并进行法事活动。大殿的内柱和外柱高度相同，这正是该殿结构上的一个特点。外柱柱头采用枋子相连形成外柱圈，内柱柱头也用枋子相连构成内柱圈；内外柱上又用斗拱、梁栿等联系在一起，形成筒形结构，同时，一层层斗拱、梁栿组成具有平缓坡度的屋面。

在这种内外槽结构中，在一定意义上讲，外槽是内槽的外延，扩大了内槽的面积。

木构建筑的主要承载件是柱子。佛光寺东殿的22根外檐柱，均向中心稍稍倾斜，在专业上叫“侧脚”。外檐柱从明间向两边稍稍抬高，建筑上的术语叫“升起”。柱子与各构件之间以榫卯连接为主。采用“侧脚”和“升起”的办法，可使各木件的榫卯压紧，使建筑物更为牢固。

此外，柱头部分加工成曲线，不仅便于柱头与斗拱等上部结构连接，又具有良好的装饰性。柱子的下面与覆盆柱础相连。柱基好似一个盆反盖在地上。使柱子上下联成一体，显得稳固而挺拔有力。

在佛光东殿的所有结构中，斗拱构件的作用最为突出。斗拱是我国古代大型木构建筑的重要组成部分，其作用是扩大梁枋和柱头的接触面，加强梁架与柱头的联系。而东殿内柱上用斗拱承托明袱与平阇（用木条组成的方格天花）及其上部构件；外檐斗拱主要用于承担屋檐重量。正殿斗拱出四跳，为柱子高度的一半。佛光寺的斗拱雄大，出檐深远，充分说明了唐代已将中国古代建筑所特有的结构，即斗拱结构，发展到了非常高的水平。

佛光寺东大殿的屋架也很有特点，屋架的脊檩下采用叉手支撑，叉手又与平梁相接，构成三角形。承受荷载时叉手受压、平梁受拉。为保持平梁的稳定，在四椽草袱和平梁之间设有托脚。这种屋架结构在古建筑中是少有的，而与近代木屋架相似。东殿的屋面高跨比为1∶4，坡度平缓，屋面成缓和的曲线和起翘，整个屋顶匀称、和谐，使整个大殿庄重而沉稳。

此外，在山西五台县城西南22公里李家庄西侧有一名刹南禅寺，寺坐北向南，有山门、龙王殿、菩萨殿和大佛殿等建筑。该寺创建年代不详。但南禅寺大殿则有据可考。大殿平梁下保留有墨书题记，证明大殿建于唐建中三年（782）。晚唐武宗“会昌灭法”时，佛寺大量被毁，但因南禅寺偏居一隅幸免于难，是我国现存的最古老的唐代木构建筑。大殿面宽进深各3间，单檐歇山式屋顶，殿前有宽敞的月台，柱上装有雄壮的斗拱，承托屋檐；大殿内没有柱子，四椽袱通达前后檐柱之外。梁架的结构很简单，屋顶举折平缓，说明唐朝时木构建筑技术已有很高的水平，而且已普及到偏僻的山村。

从南禅寺大殿和佛光寺东殿的木构建筑所具有的独特的结构和奇特的造型可以看出，我国唐代的木构建筑技术已十分先进，其结构设计相当科学，既符合建筑力学原理，又充分地表现出高度的艺术性，从而形成和确立了我国木构建筑技术的独特的体系，反映了唐代建筑已达到了相当高的水平。

（四）仓储建筑的技术成就

仓储建筑在隋唐时期的建筑领域里占有十分重要的地位。唐朝初期，由于关中地狭人稠，所产的粮食难于满足朝廷的需要。因此，都城所需的粮食物资，主要依靠农业比较发达的黄河下游、江淮流域和河北平原供应。在当时的历史条件下，这些粮食主要靠漕运西调。当时，李唐朝廷明确规定：洛阳以东地区的租米、经江、淮、运河、黄河，先运到含嘉仓集中，然后陆运至陕州，再经黄河、渭水漕运到长安。因此，用于储运粮食、物资的仓库应运而生，并得到长足的发展。在这些粮仓中，以洛阳的含嘉仓为全国之最。据史料记载，天宝八年（749）全国主要粮仓共储粮1260万石，仅含嘉仓就储有580多万石，约占二分之一，可见含嘉仓是唐朝官仓中规模最大、地位最为重要的一座大型粮仓。1971 年我国考古工作者对含嘉仓遗址进行了发掘考证。最后查明，含嘉仓建在今洛阳老城区的北侧，东西长约 600 余米，南北长约 700 余米。仓库区内的粮窖东西成行，密集排列达 400 个之多。粮窖的口径大小不一，口径大的为 18.5 米，小的也有 8 米，最深的距地表约 12 米。大窖可贮粮一万数千石，小窖可藏粮数千石（唐代每石约等于 60 公斤）。在发掘考察时还发现了十多块“刻铭砖”，即记载储粮的时间、品种、数量、受领粮食的官员姓名的砖木雕刻。铭砖上记载着官员的名称，有仓吏、仓丞、仓令等文官，还有押仓使等武官。铭砖上还刻有调露、天授、长寿、万岁通天、圣历等年号，由此可知，在唐高宗、武则天时期，含嘉仓储纳的粮食较多，其仓储规模最大。例如，在含嘉仓的 160 号粮窖中，发现了早已炭化的 50 万斤谷物。仅这一个粮窖的存储量就相当于唐朝 2500 个农民一年的粮租；而整个含嘉仓的最高储量为 600 万石左右。

唐代仓储业的发展，既是经济生活发展的产物，也推动了仓储建筑技术的发展。

唐代的粮窖建筑有其自身的特点。从形制上来说，粮窖均为口大底小的圆缸形。这种形制，建造和使用起来十分方便。建窖的工序是：先从地面向下挖成土窖，将窖底夯实，用火烧硬，再铺一层灰渣防潮；然后，再在窖底铺设木板和草，草上铺席，窖壁上用木板镶砌。使用时则分层堆放粮食，每层用席子隔开。装满粮食后在粮窖口覆盖一层 40—60 厘米厚的谷糠，盖上席子，再用土密封。含嘉仓粮窖的这种建筑方法和使用方法，具有很多优点。首先，因为是地窖式储粮，因此，温度较低，而且恒定。其次，底和窖壁经过上述技术处理，既可防潮、防腐，又能避火防虫，同时还能防止粮食被盗。更重要的是，可长期保存粮谷的品质。据记载，唐时谷子可储藏 9 年，稻米可储存 5 年。对距今已有 1300 多年历史的 160 号粮窖内的谷子进行化验，其谷物的有机物仍占 50.8%。

由此可见，含嘉仓粮仓的建筑技术是十分先进的，它所特有的仓储建筑结构和巨大的规模，表现出中国古代仓储建筑技术的伟大成就。

（五）高层砖塔建筑的技术成就

塔是人们常见的一种建筑形式，在寺院内、高山间、江河湖畔，屹立着数以千计的古塔，装点着祖国的秀丽山河，展示着中国的悠久历史。

仅就塔的性质来讲，它是佛教的一种纪念性建筑。塔起源于印度。佛经上讲述了这样一个故事：佛祖释迦牟尼涅槃后，其弟子阿难等人将其遗体焚化，得到许多色彩晶莹、击之不碎的珠子，其中源自骨头的称为“白舍利”；弟子们建塔，将其舍利分存多处，并供奉于塔内，以供礼拜，因此，佛塔又有舍利塔之称。后来塔的功能进一步扩展，高僧大德的灵骨以及重要的经卷、袈裟、法器等也入塔供奉，以作纪念。

我国的塔是随着印度的佛教传入后，才开始建造的。东汉永平十年（公元 67），当时中天竺（即古印度）僧人摄摩腾、竺法兰将佛像和四十二章佛经，用白马驮到中国，并在洛阳修建了白马寺，在寺内建佛塔一座。从此以后，古代匠师们把塔与中国古代建筑技术和建筑风格结合起来，逐渐形成了具有中国特色的风格多元的古塔建筑。

我国的佛塔建筑大体上经历了四个发展阶段，即魏晋南北朝、唐代、宋代和明代四个大发展时期。就砖塔建筑而言，则分为唐、宋、明代三个大发展时期。

唐代是我国砖塔建筑三个大发展阶段的第一个阶段。唐代国家统一，经济繁荣，在商、周、秦、汉固有的文化传统基础上，吸收了外来的艺术风格，建筑技术和建筑艺术都有了很大的发展。

我国古塔建筑多种多样，按构造式样大致分为实心塔和楼阁式塔两种。实心塔是用砖石等材料砌制的实心体，不能登临。楼阁式塔内有塔室，可以攀登，我国古塔大部分属于这一类。

唐代时期，选用砖石材料，代替木料建造了大量的楼阁式高塔。平面以方形为主，塔的层数增加到 13 层，塔高达 50 多米，最高的有 60 多米。内部都是筒式结构，塔外壁用砖砌成，各层用砖、木楼板制成砖木楼梯供上下行走。唐代较有名气的楼阁式砖塔有西安兴教寺的玄奘墓塔、陕西礼泉县的香积寺塔、西安市的慈恩寺塔（大雁塔）、苏州虎丘云岩寺塔、河北正定县的广惠寺华塔等。

西安慈恩寺大雁塔

大雁塔为现存最早、规模最大的唐代四方楼阁式砖塔。由玄奘法师主持修建。

云岩寺塔

苏州云岩寺塔位于江苏省苏州市虎丘山上。俗称“虎丘塔”。有“先见虎丘塔，后见苏州城”之说。

广惠寺华塔

广惠寺华塔位于河北省石家庄市正定县的广惠寺内。由主塔和附属小塔构成，主塔底层四隅各附建一座六角形亭状小塔。主次相依，精巧华丽。

闻名于世的西安慈恩寺大雁塔是其中的杰出代表作。大雁塔坐落在陕西西安市的慈恩寺内。该寺为唐高宗李治为其母追荐冥福而建造。寺内塔本名为慈恩寺塔。《慈恩寺三藏法师传》卷三中记，摩谒陀国有一寺僧，一日见有群鸿飞过，忽一雁离群落羽，摔死地上，僧人惊异，认为雁即菩萨，众议埋雁建塔，雁塔之名即源于此。唐永徽三年（652），著名僧人玄奘在慈恩寺任主持，为保护由印度带回的经籍，由唐高宗资助，在寺内西院修建此塔。初建时，塔为砖表土心五层方形。长安年间（701—704），全部用青砖改修成方形楼阁式，共七层，登塔攀梯改为盘道式。大历年间（766—779），又改建为十层，后经战火破坏，剩下七层。明代时该塔又被损坏，在外表加砌青砖，对其进行保护。塔的表面虽然经过明代改建加固，但仍是一座典型的唐代仿木结构砖塔。大雁塔高 59.6 米，塔基座东西 45.9 米，南北 48.8 米，高 4.2 米，塔底座与塔身总高64.1米。该塔塔身较高，各层都以素面为主，不做任何修饰，仅在塔檐模拟木构的柱、斗拱，而且斗拱和檐椽部分大大地简化了，主要原因是受到砖本身的性质和用砖技术的限制。大雁塔内部成空心式，各楼层地面采用木过梁承担楼板的结构，用木扶梯依层折曲而上，塔室则四面开窗。唐代用砖砌塔时采用平砌法，按砖的长身平砌，每隔五层加砌一层丁头平砌。塔外形整体轮廓清晰、朴实、庄重。给人以刚柔结合的曲线美感。

密檐楼阁式塔是楼阁式塔的又一式样，在唐代也十分盛行。位于陕西西安市南约1公里处的荐福寺内的小雁塔最为有名。荐福寺建于唐文明元年（684），是为唐高宗李治献福而建立的。塔则建于唐中宗景龙元年（707），因为此塔比大雁塔小，故称小雁塔。塔身为密檐式方形砖结

小雁塔

荐福寺小雁塔位于西安。2014年6月22日，含小雁塔遗产点的“丝绸之路：长安—天山廊道路网”项目列入《世界文化遗产名录》。

构，初建时为 15 级，后受地震破坏，塔顶震坍，塔身破裂，现剩下 13 级。该塔基座呈方形，塔底层每面长 11.83 米，通高 43 米。小雁塔塔身没有采用柱梁、斗拱等装饰表面，而以塔身的宽度由下而上的收敛，形成圆和挺秀的轮廓线，来取得建筑艺术效果，使整个塔形显得凝重秀丽。唐代的密檐塔多数不能登临，而小雁塔内，从底部到塔顶是一个空筒，各层有少量木楼板和木扶梯，可直接攀登。在唐代的密檐塔中，除小雁塔之外，也不乏成功之作。如登封永泰寺塔用砖迭砌而成，收分柔和、出檐很大，既保持木式塔的形象，又使砖塔具有清晰的轮廓，是密檐塔中的精品。

在密檐式塔中有一座用石头构成的仿木结构塔，十分引人注目，这就是地处江苏南京栖霞寺中的舍利塔。这座塔建于隋仁寿元年（601），但从塔上的浮雕看，当为南唐重修的建筑物。塔全部用细致的灰白石构成。底座是宽敞的台基，正面设有四级台阶，四面建有石栏杆，上面垒砌基坛二层，平面及立面分别刻有装饰的花纹、龙鱼生物及石榴花和凤凰等。台基上为塔须弥座，须弥座上为莲座，上面建塔身，塔身第一层较高，呈八角形，每角有倚柱，柱头之间连有横额，仅挑出混石一层，用来承托塔檐。上面各层塔身都较低，每面均凿佛龛，内坐小佛像。五层檐上为塔顶。该塔既反映了当时的文化和历史风貌，也表现出了建塔材料的多样性，说明了我国唐代建筑技术的先进。

砖木混合式塔是楼阁式塔的又一式样。例如，河北正定县城内隆兴寺之西的天宁寺塔，就是砖木混合式结构塔，人们又称它为木塔。该塔建于唐咸通初年（860），宋、明、清均有修葺。该塔为九级，平面呈八角形，塔身下四层用砖砌造，下三层斗拱及第二、三、四层平座也采用砖砌成。第四层以上斗拱及各层檐均为木构。塔上斗拱由下至顶均为四铺作出单抄。下三层砖砌部分，每面有补间铺作三朵，上六层每面两朵。塔身往上，每层高度递减，而每层收分也相应递加。其塔形轻盈挺秀，给人以稳重感。

此外，隋唐时代，还建造了一些独具特色的砖石塔。如山东历城县柳埠村建有一石塔系隋大业七年（611）所建，是我国现存最早的石塔。塔身用大青石砌造，单层方形，高 15.04 米，每边宽 7.4 米，四面各辟一半圆形拱门，明清以来习称“四门塔”。该塔檐部迭涩挑出五层，塔顶用 23 行石板层层收缩迭筑，成四角攒尖锥形。顶端由露盘、山华、蕉叶、相轮等构成塔刹，形制简朴浑厚。塔室内有方形塔心柱。反映了当时佛塔建筑的古朴风貌。

值得一提的是，山东历城县柳埠村灵鹫山九塔寺内，有一九顶塔。顾名思义，塔上有九座小塔，所以叫九顶塔。该塔始建于唐，通高 13.3 米，为单层八角。塔身用水磨砖对缝砌筑，檐部迭涩挑出 17 层，檐上又迭涩收进 16 层，形成八角平座。平座之上各隅均筑造高 2.84 米的三层迭涩挑檐方形小塔一座，正中修筑一高 5.3 米的同样小塔，比另外八座小塔略高。明人许邦才在《九塔寺记》中称此塔“一茎上而顶九各出，构缔诡巧，他寺所未经有”。九顶塔以其特殊的构思和造型反映了盛唐多姿多彩的砖塔建筑风格。

唐代砖塔建筑技术成就斐然，充分体现了我国古代高层建筑技术水平的提高和进步，为宋、明代砖石建筑技术的进步和发展奠定了基础。

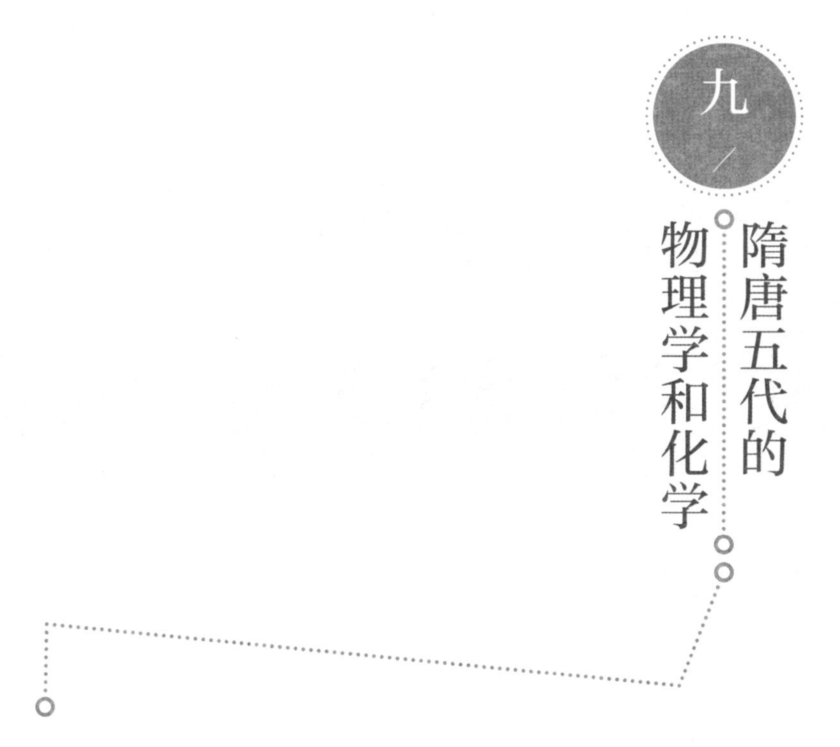

物理学和化学是现代科学的重要分科，应用于人类社会生活的各个领域，是促进人类社会发展的重要推动力。隋唐时的劳动人民和科学家，通过对物质的观察以及对自然现象变化的分析研究，已对物理和化学现象进行了较为科学的论述，并进行了大胆的实践，在物理学和化学领域里取得了一定成就。

（一）隋唐五代的物理学

1. 唐人对彩虹的认识与试验

彩虹是一种自然现象，往往出现在雨过初晴的时候。因其美丽壮观，从古到今人们写下了不少关于它的赞美之词。彩虹以它特有的魅力，吸引着人们探索其成因。大约在1500年前，唐初的孔颖达（574—

彩虹

彩虹是气象中的一种光学现象，是由于阳光照射到空中接近球形的小水滴造成色散及反射，而在天空中形成拱形的七彩光谱。其所在位置会随着观察者的位置改变而转移。

648）在《礼记注疏·月令》中，就提出了“日照雨滴则虹生”的论点，指明薄云、日照、雨滴是虹产生的条件，并论述了这三者的关系，清楚地揭示了虹是日光照射雨滴所产生的自然现象。

公元8世纪中叶的张志和对彩虹作了进一步研究，并进行了人工造虹试验。他背向太阳，喷出小水珠，就观察到了类似虹霓的现象，从而证实了虹的产生是阳光照射水滴所产生的结果。张志和在《玄真子》卷下中说：“雨色映日而为虹”，“背日喷乎水成虹霓之状”。这就明确地告诉人们，要想看到虹，就必须“背日”，而面对太阳就看不到彩虹了。在这些观察和实验中，研究者虽然还没有精确地说明虹所以产生的光学原理，尚未认识到日光在雨滴中经过两次折射和全反射而产生色散的事物本质，但是，在当时的条件下，能对虹的产生及其基本条件有着如此客观的认识，这在人类光学认识史上也是具有重要意义的。它表明，先人通过对虹的观察研究，已经确认它是一种自然现象，这是对光的折射和色散认识的一大进步。

2. 共鸣与消除共鸣的方法

所谓共鸣，就是指一个物体振动的时候，另一个物体也随之振动，并同时发出声音的现象。即发声的共振现象就是共鸣。对于这一声学现象，我国古代就有许多的记载。唐代《刘宾客嘉话录》中，记述了这样一个有趣的故事：洛阳有一个和尚，他房间里挂着一种名为磬的乐器，这个磬经常自鸣发响，和尚不知其原因，并因此受惊扰成疾。一个叫曹绍夔的朋友来看这个和尚，正好传来寺院敲钟的声音，挂在房间里的磬也跟着响起来。曹绍夔就对和尚说："你明天设宴招待我，就可以为你消去心头之病。"第二天，和尚请他吃完饭后，他就掏出一把钢锉，把磬磨去几处，此后，这个磬就不再自鸣作响了。和尚问其原因，曹绍夔说，这个磬原来所具有的发声与寺院钟的频率相同，因此，敲钟时磬就会同时作响。把磬体稍微锉去一点，就改变了磬的固有频率，它就不再和庙里的钟声产生共鸣。和尚的病从此也就痊愈了。这一记载表明，我国唐代时的人们不仅懂得共鸣现象，而且掌握了消除共鸣现象的科学方法。

3. 鱼洗与龙洗的奥妙

"洗"是唐宋时代用黄铜铸造而成的形似洗脸盆的一种实用工艺品。在盆底铸有几条鱼的叫鱼洗；铸有数条龙的叫龙洗。鱼洗与龙洗不仅造型精美，而且还各具特色和奥妙。如果用手缓慢而有节奏地摩擦盆边上的双耳，盆里的水就会像受到冲击一样发生振动，甚至还会

龙洗

龙洗是古代中国盥洗用具，也称作聚宝盆。

从“鱼”或“龙”的口沟处沿着盆的边缘向上喷出，喷到盆耳之处。其奥妙在于，当两手搓动其双耳时，便产生两个振源，振波在水中传布，互相干涉，使能量叠加，水面就出现了各式各样复杂的波纹，形成水波荡漾的状态，就好像盆里装有几条活鱼一样。若摩擦频率加快时，较大的水点就会跳出水面，甚至有水柱喷射而出。

这种鱼洗和龙洗的制作，涉及摩擦、固体振动以及波在液体中的传播、干扰和共振原理等物理原理。在唐代能创造出这样奥妙神奇的龙洗和鱼洗，实在令人叹服。

4. 对虹吸现象的认识

在南北朝时，人们对虹吸现象产生的原理已有较深入的认识。《关尹子·九药篇》中记载：“瓶存二窍，以水实之倒泻；闭一则水不下，盖（气）不升则不降。”意思是，有两个小孔的瓶子，装入水后，水能倒出来。如果闭住一个小孔，水就倒不出来了。文中虽然没有明确提出气压的作用，但基本上阐述了这一道理。到了唐代，对这一物理学现象的认识则更为深。王冰的《素问注》中就十分清楚地说明：“虚管溉满，捻上悬之，水固不泄，为无升气而不能降也；空瓶小口，顿溉不入，为气不出而不能入也。”王冰以一小口的玻璃瓶灌不进水的事例，将大气压的物理现象阐述得更清楚更透彻了，表明唐代时人们已经对大气压及虹吸现象有了科学的认识。

5. 对晶体的研究和制作

晶体是固体物理学研究的主要对象，具有规则的几何形状。很早之前，我国就有这方面的记载，并对其有一定认识。早在公元纪元前后，先人就发现雪花是六角形的。而在各种药书和炼丹的书籍中，也提到了许多晶体物质。

唐初《黄帝九鼎神丹经诀》中，记述了制取结晶硫酸钾的情况，即把朴硝（硫酸钠）、硝石（硝酸钾）两种矿石粉碎、混合，用热水淋汁，待澄清后再用温火煮。然后等到半冷时装入小盆，盆外再用冷水冷却。经过一夜后，就有“状如白色、大小皆有棱角起的结晶硫酸钾出现”。从这段记载中可知，晶体具有外部几何形状，而且该段描述指出了人造结晶体的制作过程和工艺条件，这在近代科学诞生之前，是不能不令人惊叹的。

我国唐代对于各种物理现象的认识和利用表明，我国人民自古以来就具有卓越的发明创造才能和认识自然界的能力，为促进社会进步和人类文明的发展做出了特殊的贡献。

（二）隋唐五代的化学和化工

隋唐五代的化学、化工科技是在古代炼丹术的基础上发展起来的。通过大量的炼丹实践，人们发明了红色硫化汞的合成方法、硫酸钾的制取方法。这些方法的产生在中国化学发展史上也占有十分重要的地位。这一时期发明的火药是我国最伟大的发明之一，火药的发明对世界文明的发展产生了重大的影响。

1. 炼丹术与化学进步

古代的炼丹术是人们为求长生而发展起来的炼制丹药的方术。历代皇帝及显贵为“长生久视”，曾在民间广求丹方，并招纳方士从事炼丹。虽然炼丹术是荒诞的，但是历代炼丹家在广大劳动人民积累的生产经验的基础上，通过自己从事采药、炼丹的实践，对化学现象进行了观察和研究，并在客观上推动了相关技术的发展。

炼丹术最早研究的材料是丹砂，也就是红色硫化汞。当时采用的研究方法是火法。这是一种带有冶金性质的无水加热法。据史书记载，火法大致包括煅、炼、炙、熔、抽、飞、伏等步骤。到了唐代，陈少微

《九还金丹妙诀》所记载的销汞法，也就是用汞和硫黄制丹砂法，已经相当细致、准确。原料汞和硫黄的加入比例是一定的，加热时有一定的火候，并须按固定的程序进行操作，最后达到“化为紫砂，分毫无欠”的结果。紫砂（即丹砂）的这一制作方法与近代化学所采用的化学合成法十分相近。用这种工艺方法制成的红色硫化汞，可能是人类最早用化学合成的方法制造的产品之一，是炼丹术在化学上的一大成果。

另外，炼丹家对水银制造方法和其他化合方法也进行了大量的研究。唐时的炼丹著作《太清石壁记》中就记载着“造水银霜法”，水银霜就是升汞或氯化亚汞。其制作方法是先把水银和锡分别加热，并使之成锡汞剂，然后捣碎加盐，再将太阴玄精（氯化镁）、敦煌矾石（粗石膏）或者是绛矾（含铁的粗石膏）掺和进去，用朴硝末即硫酸钠覆盖在上面，加热七昼夜。

用现在的观点来分析，汞和氯化钠、硫酸钠共热是可以生成氯化汞的。而且，氯化汞和过量的汞可再继续反应，就生成氯化亚汞。从加工工艺上看，这一方法虽然很复杂，但说明了当时人们在这方面的研究是很深入的。

唐代炼丹家对铅的化合物也进行了许多研究。唐代清虚子曾在《铅汞甲庚至宝集成》中记载一“造丹法”。使用铅、硫、硝三种物质，经过溶化和“点醋”等一系列操作，即可制成名为“黄丹胡粉”的粉末。据初步分析，这种粉末可能是纯度不高的醋酸铅。

炼丹家在金石药的溶解方面也获得了相当丰富的经验和知识。晋代以前的一部著作《道藏》记有《三十六水法》，其中记载了古代炼丹家溶解 34 种矿物和两种非矿物的 54 个配方。到唐代，炼丹家对此有了更深刻的认识。例如，在《三十六水法》中记有“丹砂水”法，即溶解丹砂的方法。这一方法中除了用醋和硝石以外，还加有石胆，就是硫酸铜。唐人著作《黄帝九鼎神丹经诀》中特意指出："化丹砂即需石胆。"这是很有意义的。因为硫化汞是难以在醋酸和硝石的混合液中溶解的，但加入硫酸铜的时候，却能溶解。用现代化学的观点来看，这种化学现象的发现，揭示了硫酸铜在溶解丹砂过程中起到了催化剂的作用，这在化学史上也是一种进步。

《黄帝九鼎神丹经诀》中还记载着用水法制取硫酸钾的方法。其工艺是用热水将朴石、硝石溶化，经沉淀后，取澄清的混合溶液，再加热使水蒸发，当浓缩到一定程度后，装入容器内用冷水降温，经过 24 小时，溶液中即有结晶的硫酸钾生成。这种利用物质不同的溶解度来制造药物的方法，是中国古代化学史上的一项发明。

中国古代的炼丹家们虽然没有研究成长生不老的金丹，但他们通过炼丹的实践总结出了不少化学方面的经验，取得了不少成果，客观上对我国化学技术的进步，起到了重要的推动作用。

2. 火药的发明

火药是我国的一项伟大发明。至今已有 1000 多年的历史了。火药的发明是人们长期生产实践的结果，是我国古代劳动人民和科学家们智慧的结晶。

人们在长期的生产实践中，对木炭、硝石、硫黄三种物质的性能有所认识。如早在商周时期，人们感到木炭比木柴更好烧，特别是在冶金生产中，木炭的优越性更为明显。古代的炼丹家，在炼丹的实践中，发现一些药用材料毒性大，性质活

硫黄

硫黄是一种淡黄色脆性结晶或粉末，有特殊臭味，是无机农药中的一个重要品种。它对人、畜安全，不易使作物产生药害。

泼。因此，在使用硫黄、砒霜等毒性大的金石药之前，先用烧灼的方法进行“驯伏”“伏火”，使其减少或失去原有的毒性。在“驯伏”“伏火”的过程中，炼丹家们发现硫的性质活泼，着火后容易飞升，难以控制。炼丹方士们还发现硝的化学性质很活泼，将硝撒在赤炭上，一下子就能产生焰火，并能和许多物质发生作用。南北朝齐梁时的医药家、道士陶弘景在《名医别录》中还总结出了识别硝石的方法，即“以火烧之，紫青烟起，云是硝石也”。人们对炭、硫、硝的性质有了一定的认识，这就为火药的发明创造了条件、奠定了基础。

到了唐代，在硫黄伏火的多次实验中，人们认识到，点燃硝石、硫黄、木炭的混合物会出现非常剧烈的燃烧。在《诸家神品丹法》卷五中，载有唐代医药家兼炼丹家孙思邈的“丹经内伏硫黄法”。这种方法是：将硫黄、硝石各二两研成粉末，装入销银锅或砂锅内，将锅放入坑内，锅与地面相平，四面用土填实，再将没有被虫蛀过的三个皂角逐一引燃，夹入锅内，使硫和硝燃烧，待火熄灭后，再取3斤生熟木炭煅炒，待木炭炒至消去三分之一时，即退火，趁还未冷却时，取出混合物。这个操作过程就是“伏火”的过程，也是世界上关于火药制作的最早记载。

唐宪宗（806—820）时的《铅汞甲庚至宝集成》卷2也载有清虚子的“伏火矾法”。所用的药物是硝石、硫黄各二两，2.5钱马儿铃（一种含有碳素的果实，加热能碳化）。这种方法与孙思邈的“伏硫黄法”用药基本相同。公元10世纪，在郑思远编辑的《真元妙道要略》中，有一则关于火药燃烧造成事故的记载。其中描述道：“有以硫黄、雄黄合硝石，并密烧之，焰起，烧手及尽屋舍者。”从中可看出，正是这些药物极易起火燃烧的特性而酿成丹房失火的事故。唐代的炼丹家们正是从“伏火”及起火燃烧的事故中获得了一个十分重要的认识，即硫、硝、炭三种物质的混合物具有燃烧、爆炸的性能，可以组成一种“火药”。从此，火药被人类所发明。

火药的发明为火药的应用提供了物质基础。在火药发明之前，军事家经常采用火攻战术，在火攻战中就使用了带火的箭，这种箭的头部绑上油脂、松香、硫黄等易燃物。使用时先将箭头点燃，然后射出去。但这种火箭的燃烧速度较慢，火力也不大，杀伤力小，又容易被扑灭。采用火药来代替这些一般的易燃物，其燃烧速度和火力大增，所以在唐朝末年、宋朝初年就已有军事家采用火药。此后，也就是宋初，人们在石炮的基础上创造了火炮，即把火药装在容易发射的容器内形成火药包，由原来的抛射石头的机器抛出，提高了武器的威力，更加引起了人们对火药与火药武器的重视。

火药武器的出现，又推动了火药的研究和生产。特别是宋代对火药及火药武器的研究成果明显、成就巨大。北宋曾公亮等编写的军书著作《武经总要》（1044）里，描述了多种火药武器，记载了当时三种火药的配方。配方中按其使用要求，调整了不同成分的比例，并按其作用制成了分别具有燃烧、爆炸、放毒和制造烟雾作用的火药炮。如蒺藜火球，里面装有火药，同时还装入带刺的铁蒺藜。火药包爆炸时，铁蒺藜就飞散出来，阻塞道路，防止骑兵前进。里面装有砒霜、巴豆之类毒物的毒药烟球火炮，燃烧后毒烟四处扩散，使人员中毒而削弱敌方战斗力。此后又出现了一

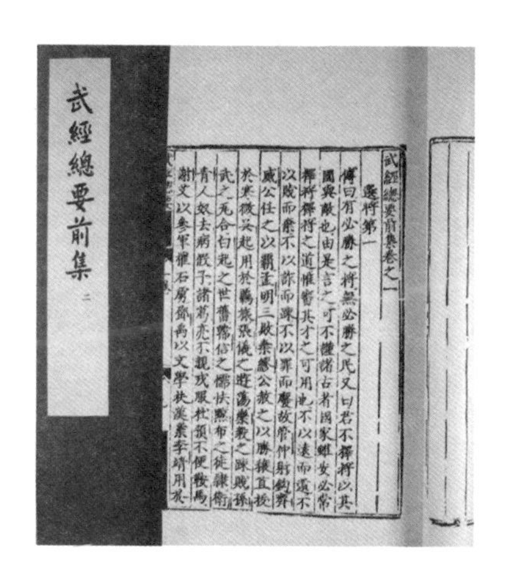
武經總要前集
二

武經總要前集卷之一
選將第一
傳曰有必勝之將無必勝之民又曰君不擇將以其
國與敵也由是言之可不慎諸古者國家雖安必常
擇將擇將之道惟審其才之可用也不以遠而遺不
以賤而棄不以詐而疎不以罪而廢故管仲射鉤齊
威公任之以霸孟明三敗秦繆公赦之以勝穰苴拔
於寒微吳起用於羈旅張儀之遊蕩樂毅之疎賤孫
武之亡命白起之世舊韓信之懦怯黥布之徒隸衛
青人奴去病戮子諸葛亮不親戎服杜預不便鞍馬
謝艾以參軍權石勇鄧禹以文學狄漢業李靖用承

《武经总要》

北宋前期，为了边防的需要，朝廷大力提倡文武官员研究历代军旅之政及讨伐之事，并组织编纂了中国第一部新型兵书《武经总要》。该书包括军事理论与军事技术两大部分，具有较高的学术价值。

大批新式火药武器，如北宋末年创造的“霹雳炮”“震天雷”，1132 年发明的火枪，诞生于元代的铜制火炮。在明代，人们还创造了自动爆炸地雷、水雷和定时炸弹，还制成了“火龙出水”火箭。它利用四个装有火药的大火箭筒，在火药燃烧后产生反作用力，把龙形筒射出，当四支火箭筒里的火药烧完后，又点燃火龙腹里的神机火箭，推动箭头射向敌阵。

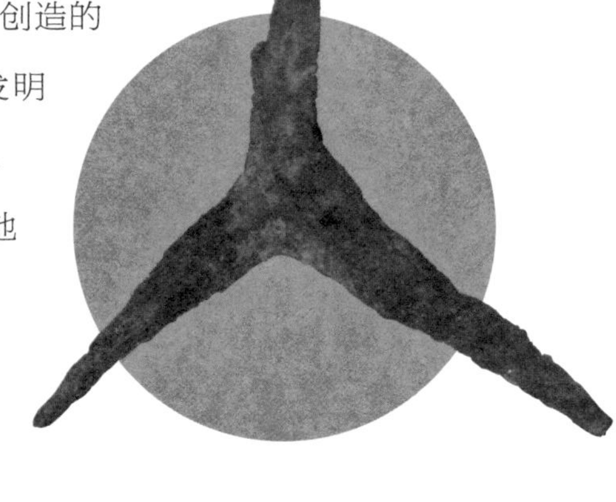

铁蒺藜

铁蒺藜是中国古代一种军用的铁质尖刺的障碍物。在古代战争中，士兵将铁蒺藜撒布在地，用以迟滞敌军行动。中国在战国时期已使用。

中国火药的发明也给世界各国的科技发展提供了宝贵的经验，带动了整个人类社会的科技进步。

1225—1248 年间，火药由商人经印度传入阿拉伯地区。欧洲人，首先是西班牙人，在 13 世纪后期翻译阿拉伯人的书籍时，才开始知道火药，英法各国直到 14 世纪中期，才见到应用火药和武器的记录。火药、火器在欧洲的传播，不仅对作战方法的改进有现实的作用，而且对资产阶级战胜封建贵族，推动社会进步，乃至资本主义生产力的发展，都产生了巨大的影响。火药这一伟大的发明及其所产生的深远影响，将永远载入世界科技史册。

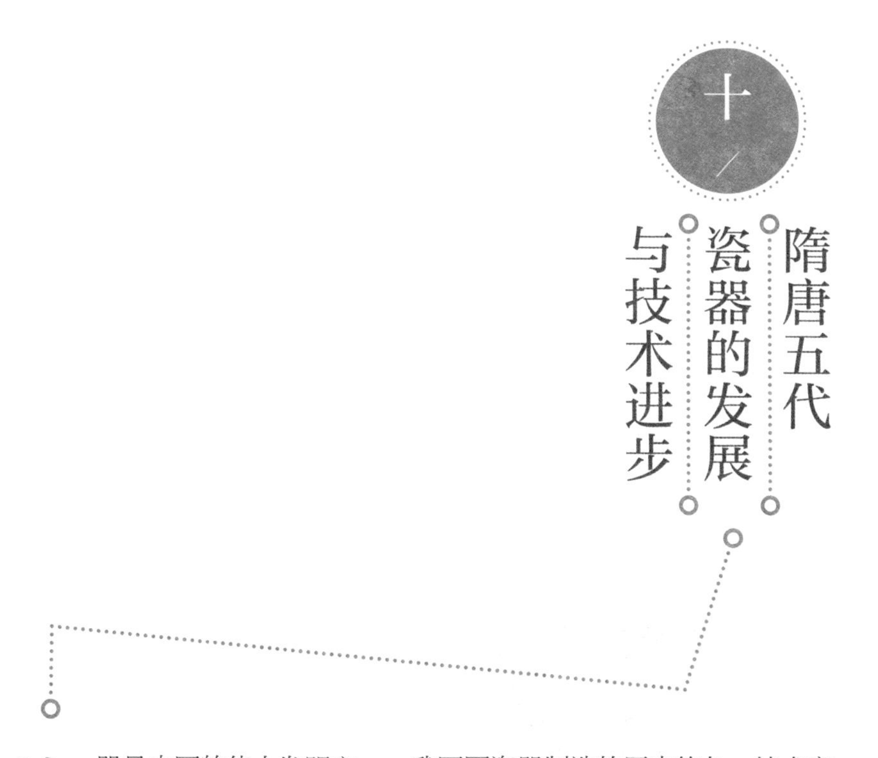

十、隋唐五代瓷器的发展与技术进步

瓷器是中国的伟大发明之一。我国因瓷器制造的历史悠久、技术高超，瓷产品精美别致而获得“世界瓷国”的美称。早在公元前3500—前1500年之间，我国古代劳动人民就创造出了彩陶工艺，并已有黑陶、白陶产品问世。到了公元前1500—前1000年，商代人又创造了大量的精致白陶和青黄釉陶器。及至魏晋时代，诞生了瓷器。隋唐五代时期，陶瓷生产的规模迅速扩大，生产技术日益精湛，艺术精品层出不穷，达到了一个前所未有的瓷器生产的高峰，在中国陶瓷发展进程上占有重要的历史地位。

（一）隋代陶瓷技术的进步

隋统一中国后，陶瓷制造业得到了迅速的恢复和发展，其生产技术也有了明显的提高。据《新中国考古收获》记述，近年考古发掘的隋李静训、姬威墓中，都发现了鸡首壶、双龙把手瓶和双耳扁壶等陶瓷器皿，其质地坚硬、色泽晶莹、造型美观。隋代时青瓷的制造水平也很高，青白瓷器在数量上和质量上都有长足的进步。如 1947 年，河北省景县十八乱冢村村民发掘开封氏古墓，出土了青、黄、酱、绿等多种釉色的瓷尊、碗、杯、盏、碟、盘等，其中就有隋开皇七年（587）的物品。河南安阳发现的卜仁墓，为隋仁寿三年（603）的墓葬，出土有青瓷杯、盘、罐等，这些器物形态简练浑朴，从表面看似乎不及前代，但在硬度上远远胜于前代。当时青、白瓷的烧制温度很高，都属于硬质瓷器。这正是瓷器制作技术提高的结果。

鸡首壶

鸡首壶因壶嘴为鸡首状而得名，是西晋至唐初流行的一种瓷壶。图中为出土于浙江省德清县的东晋时期器物。

双耳扁壶

双耳扁壶，是扁壶的一种样式，以壶扁而有双耳得名。

在李静训墓中还出土了碧色玻璃瓶。《隋书·何稠传》中曾有用绿瓷制玻璃的记载，而在李静训墓中发现的碧色玻璃瓶，印证了相关文献记载。这一发现标志着隋代陶瓷烧制技术已达到较高的水平。

隋代时，也曾对三尺以上的大型瓷器进行了试制。但未能成功。据《江西通志》载，唐至德元年（756），在建康大力兴建宫室，新平窑制作的陶础非常精巧，但不结实。据《南窑笔记》载，昌南（今景德镇）在隋大业中（605—617），拟制作狮象大兽两座，陈设在显仁宫中，可是入窑即裂，无法造成。虽然失败了，但这些实践为后代烧制大型瓷器提供了有益的经验。直到明代，工匠们才突破这一技术难点，完成了大型瓷器的烧造。

（二）唐代陶瓷技术的飞跃式发展

自公元 618 年唐统一中国后，陶瓷业也伴随着经济的发展而快速进步，陶瓷生产规模和生产技术都取得了飞跃式的发展。

1. 陶瓷业发展和技术进步的原因

由于唐代贸易发达，需要大量的铜质货币，而铜的产量有限，因此官方限制铜器的制造，一般的日用物品多采用陶器来替代。张德谦著《瓶花谱》称："古无瓷瓶，皆以铜为之，至唐而始尚窑器。"这是促使唐代瓷器实现飞跃式发展的重要原因之一。

另外，唐代饮茶成风，需要大量的茶具，于是各地瓷窑都大批地烧制茶具。唐陆羽在《茶经》中评论茶具说："碗：越州（浙江绍兴）上，鼎州（陕西富平县）次，婺州（浙江金华）次，岳州（湖南湘阴）、寿州（安徽寿县、凤阳一带）次，洪州（江西南昌）次。"又说："越州瓷、岳州瓷皆青，青则益茶，茶作白红之色；邢州瓷白，茶色红；寿州瓷黄，茶色紫；洪州瓷褐，茶色黑，悉不宜茶。"可见当时的茶具各有特点，饮茶的风尚对唐代瓷业的发展和进步起到了促进和推动作用。

2. 技术进步、质量上乘

就瓷器的品质而言，当属北方的邢窑和南方的越窑产品为上乘。陆羽在《茶经》上说，邢瓷“类银”“类雪”，“瓷色白而茶色丹”；越瓷“类玉”“类冰”，“瓷色青而茶色绿”。足见唐代的瓷器釉色达到了纯洁、剔透的境地。

邢窑

邢窑是唐代制瓷业七大名窑之一。邢窑白瓷产品的出现，改变了此前青瓷为主的局面。在唐代，与越窑平分秋色，形成了南青北白相互争妍的两大体系。

（1）“千峰翠色”的越瓷

著名诗人陆龟蒙十分喜欢越瓷，作诗赞美曰：“九秋风露越窑开，夺得千峰翠色来。”“千峰翠色”的越瓷之所以成为我国瓷器的珍品，是与其制釉技术的提高分不开的。据分析，在瓷釉中，含有千分之一的氧化亚铁，烧制出来的瓷器就能呈现淡绿色。随着氧化亚铁含量的增加，瓷器的绿色就由浅变深。当氧化亚铁的含量超过 5% 时，则还原困难，而烧制出来的瓷器就会呈暗褐色乃至黑色。而“千峰翠色”瓷正是由于陶瓷工匠们将釉中的氧化亚铁控制在 1%—3% 这个恰当的比率而获得的。此外在烧制过程中，还要严格掌握窑里的温度和通风，使瓷器

越窑

越窑是中国古代南方著名的青瓷窑，生产年代自东汉至宋。唐朝是越窑工艺最精湛时期，瓷器品质居全国之冠。窑所在地主要在今浙江省上虞、余姚、宁波等地。

在高温的火焰下充分还原。正是具备了这高超的制作技术，才能诞生“千峰翠色”这样的传世佳品。

（2）莹缜如玉的白瓷

我国的白釉瓷器萌芽于南北朝，隋代时已能成功地进行烧制。到了唐代，白瓷已经发展成为青、白两大主流瓷系之一。陆羽在《茶经》中说邢瓷在越瓷之下，认为邢瓷“类银”“类雪”，“瓷色白而茶色丹”。在文人眼中，白瓷虽不及越瓷，但他们还是承认邢瓷“类银”“类雪”“瓷色白”这一基本事实。唐代白瓷以邢瓷最有影响，北京故宫博物院收集陈列的邢窑执壶，其胎质釉色都很好。邢瓷更为人民大众所喜爱。李肇的《国史补》记载：“内丘白瓷瓯，端溪紫石砚，天下无贵贱通用之。”事实上白瓷也同越青瓷一样入大雅之堂。段安节的《乐府杂录》记载，武宗时，太常寺调音律官员郭道源善击瓯，能以 12 个邢瓯、越瓯注入清水，以筋击之，其音韵悦耳。由此可见，邢窑、越窑均有可入乐器的精美作品。唐代著名白瓷生产地除了邢窑以外，江西景德镇和四川大邑也都名列前茅。

世界闻名的景德镇在唐时称昌南镇，当时的制瓷技术已具很高水平。武德年间（618—626），昌南钟秀里陶玉制作的瓷器运到长安，作为贡品呈献给皇帝，因其美如玉，被誉为“假玉器”。1958 年，在景德镇出土一批唐代白碗。研究分析结果表明，白瓷胎含氧化钙成分比较多，烧成的温度为 1200℃，瓷器的白度达 70% 以上，接近现代的高级细瓷的标准。这种制瓷技术在唐代出现，是十分惊人的，如此高超的技术成就，为瓷器技术的深入发展提供了坚实的基础。

四川邛州大邑的瓷器也颇负盛名。1936 年发现的邛窑窑址中，出土了瓷杯、碗、碟、把壶、灯盏以及鸡、鱼、龟等造型的瓷器，均别具一格，充分体现出了轻、薄、坚致、洁白的特点。大诗人杜甫赋诗盛赞邛州大邑瓷器："大邑烧瓷轻且坚，扣如哀玉锦城传，君家白碗胜霜雪，急送茅斋也可怜。"

（3）特殊的彩陶"唐三彩"

洛阳唐三彩

唐三彩被誉为东方艺术瑰宝，因唐三彩最早、最多出土于洛阳，亦有"洛阳唐三彩"之称。目前有河南省巩义市小黄冶村唐三彩遗址。

"唐三彩"是唐代三彩陶器的简称。它具有瓷器的流美色泽，但实为唐代首创的一种低温铅釉的彩釉陶器。谓之"三彩"，是因为在釉色装饰上以黄、绿、褐三种颜色为主。但其釉色又不限于三种，计有黄、绿、褐、蓝、黑、白等多种。其中，以蓝色釉为主的称为"蓝三彩"，尤为稀少和珍贵。

"唐三彩"创始于初唐，在高宗至玄宗天宝年间（650—755）进入极盛时期，"安史之乱"以后日渐衰落。"唐三彩"的制品主要作为殉葬明器，唐代盛行厚葬之风，当时的王公贵族不惜破产倾资，竟为厚葬。所用明器之中，除金玉器物之外，三彩陶器占有相当的数量。因为三彩陶器别致典雅，官宦贵胄之家均作为艺术品陈设在厅堂之中，以便观赏。国外赞其奇丽，也争相搜集。朝廷则征调大量精品，常常作为佳品馈赠友邦。于是，在盛唐出现了三彩陶器的生产高峰。

"唐三彩"的器型种类非常丰富，大体可分为人物、动物、器具和建筑模型四种。人物俑中有男俑、女俑、文官俑、武士俑、乐舞俑、牵马俑、骑马俑、驭驼俑、天王俑等。动物俑有拟马、驼、牛、羊、猪、狗、鸡、鸭和鸟类等。建筑模型有拟房屋、亭阁、水池、假山等。如陕西咸阳出土的三彩陶假山，不但“山体”峻秀，而且周围还有十余“人”游赏交谈，充满生活气息。

“唐三彩”类瓷，但与瓷器有本质区别。“三彩”实为陶器，胎质比瓷器粗糙，釉色也不透明，其烧成温度控制在800—900℃左右，胎体烧结后吸水性大。其技术贡献主要在于造型的生动逼真，以及经特殊的釉色处理所形成的斑驳浓丽的艺术效果。

“唐三彩”的产地主要在陕西、河南两地，最著名的是长安的西窑和洛阳的东窑。近年来，在河南巩义市也发现了唐代专门制作三彩陶器的窑址。“唐三彩”的制作工序基本上分为两大部分。第一部分包括造型、烧胎、涂釉三种技术。工匠们首先选取精炼的白黏土制成胎型，再送入窑炉烧成陶胎，然后在胎底上涂以釉色。釉料中须加入一定比例的铅作为助熔剂，以使釉的熔点降低。第二部分工序是烧釉。工匠们将挂好彩釉的陶胎，再次放入900℃左右的窑炉中焙烧，胎体表面的釉料在受热熔化的同时，自然地向四外扩散流动，各种颜色相互浸润交融，便形成了一种斑斓绚丽而又自然天成的奇异釉色。由于铅的作用，釉面显出明亮夺目的光泽。由于“唐三彩”制作规整、工艺独特，具有不变形、不裂缝、不脱釉的特点，呈现出斑驳华丽的艺术风格，因而倍受人们的喜爱。这种罕见的技术工艺则成为陶瓷发展史上的一大创举。

（三）五代的传世之作“雨过天青”

五代（907—960）时期，封建割据加剧，各地封建政权纷纷开设“御窑”，驱使劳动人民为其一家一姓生产名贵瓷器，供他们享用。与此同时，各地民窑仍运用已有的传统和技术，继续烧制瓷器出售。由于民窑、官窑分道扬镳，彼此互相竞争，有力地促进了制瓷技术的提高。

前蜀王建给朱梁的信物中有“金棱碗”，并在致语中说：“金棱含宝碗之光，秘色抱青瓷之响。”这是一种镶金的青瓷制品，很可能是前蜀官窑的产品。1950 年以来，在四川成都市附近，陆续发现了青色、翠绿等瓷器，还出土了轻薄的“影青”，这些都是蜀国窑器生产的精品。

在官窑中，后周的“柴窑”最为著名。后周显德（954—959）时，世宗柴荣在郑州建立御窑，世宗姓柴，所以世人又称此官窑为“柴窑”。柴窑在开始烧制之前，工匠就瓷器用何釉色和样式请示世宗，柴荣说：“雨过天青云破处，这般颜色做将来。”工匠据此，以大雨初霁，风吹云散后的天青色为标准，制造出一种新颖的釉色瓷器，后人把这种瓷器称作“雨过天青”。柴窑除了生产天青色釉色瓷器之外，还烧制了豆绿、豆青、虾青等多种釉色的产品。但柴窑瓷器流传于世的作品很少，因此，十分珍贵，明代就有“片柴值千金”之说。清代谷应泰在《博物要览》中称赞柴窑瓷器为“青如天，明如镜，薄如纸，声如磬”。

（四）瓷器与技术的输出

隋唐五代的瓷器不仅为国人喜爱，也为外国人所欣赏。唐代的瓷器通过“丝绸之路”及海路输出到中东、东南亚和欧洲。唐大中五年（851），来中国经商的阿拉伯人苏列曼在其所著的游记中说：“中国人能用陶土做成用品，透明如玻璃，里面加了酒，从外面可以看到。”唐贞元十年（794），也就是日本的恒武天皇时期，中国的瓷器经朝鲜、吕宋输入日本，备受贵绅们崇尚。到后唐长兴二年（931）即日本朱信天皇时，日本皇室所使用的瓷器仍然靠中国、朝鲜、吕宋等供给。日本奈良法隆寺、京都仁和寺直到现在还珍存着这类器具。1854 年，英国人还从现巴基斯坦布拉明那巴德地区，发掘出一些邢窑白瓷和越窑青瓷的残碗。德国人在中亚撒马拉、喇及斯古迹遗址进行发掘时，也出土了“唐三彩”陶器和邢窑、越窑瓷碗残片。其中有一个三足盘，在微红色的胚子上，涂有白釉，又泼上三色釉，加上锦地图案，制作得十分精巧，是三彩陶器的上乘之作。此外，在埃及也发现了很多“三彩”陶片和越瓷残器。

唐三彩三足盘

三足盘是唐代流行的盘式之一。施以多种釉色，华丽动人。

随着唐代陶瓷器物的输出，其制造技术也传播到国外，五代后梁贞明四年（918），高丽（今朝鲜半岛）便学会了中国的造瓷技术，并在康津设立了窑厂，此后又陆续传到了日本及西方各国。

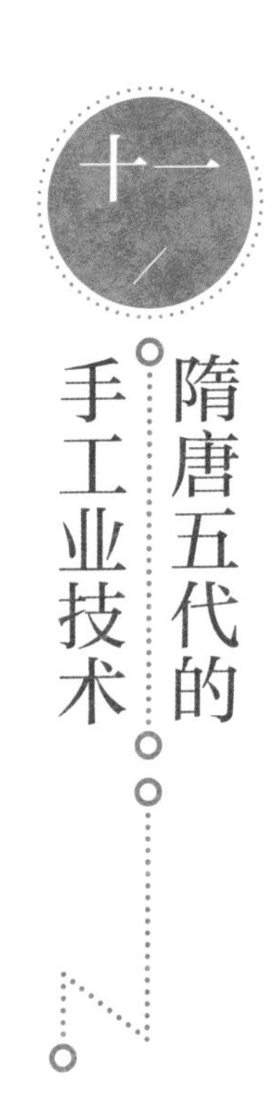

十一 隋唐五代的手工业技术

隋唐五代时期，随着农业的发展，手工业生产和技术也取得了巨大的进步。无论是生产规模还是生产技术，都达到了前所未有的高度。特别是在金属冶矿、雕版印刷、造纸、纺织、印染、造船技术等领域，成就最为突出，对社会发展产生了巨大、深远的影响。

（一）发达的冶金矿业与先进的铸造技术

隋唐两代统一黄河和长江两大流域后，经济得到迅速的发展，采矿冶金生产更加繁荣，新的铸造技术层出不穷，并广泛应用于生产，在经济的高速发展中发挥了重要的技术效能。

1. 发达的采矿冶金业

据《新唐书·食货志》记载，唐代开采的矿产品有金、银、铜、铁、锡、铅、矾、水银、朱砂等。这些矿产品主要分布在陕（陕西）、宣（安徽）、润州（江苏镇江）、饶州（江西）、信州、衢州（浙江衢州）等地区。共有各类矿山 168 所。其中包括铜冶 96 处，银冶 58 处，铁山 5 座，锡山 2 处，铅山 4 处，矾山 7 处。唐宪宗李纯在位时，每年采银 12000 两，铜 133000 公斤，铁 1035000 公斤，锡 25000 公斤，铅无常数。宣宗李忱当政时，每年采银 25000 两，铜 327500 公斤，铅 57000 公斤，锡 85000 公斤，铁 266000 公斤。由此可见，当时的冶金矿采业发展很快，而且钢铁冶金业在社会经济中的主导作用已很明显。当时，如工具、兵器、造船、机械磨面等使用铜、铁等金属的制造行业，呈现出一派兴旺发达的景象。并对工农业生产的繁荣和发展，起到了巨大的促进作用。

2. 先进的金属加工技术

唐代的金属加工技术发展很快，尤其是金属铸造技术成就最大。例如，时人在合铸金银的方法研究上，就取得了重大的成果。早在汉代就有人开始研究金银合铸的方法。但没有取得成功。到了唐初，该项技术终于取得了突破性的进展。为此《太平御览》卷八一二特有“合金银并成”的记载。

在我国传统的铸造工艺中，泥范、铁范和熔模铸造最有名，被称为古代三大铸造技术。这些技术在隋唐时期更加成熟，应用更为广泛。例如，《新唐书 · 严善思传》记载，唐乾陵墓道砌石之间，均用“冶金固隙”。经考察，系在石块之间凿成串通的孔洞，再铸入生铁，在所有石块之中形成框架钢筋结构。隋代著名的赵州桥的石块之间也浇铸有生铁。这种现场浇铸铁水的技术体现了当时的生铁冶铸技术已十分高超。

唐武曌（武则天）曾下令用铜、铁铸天枢。天枢高约 50 米，直径

武则天塑像

武则天是中国历史上唯一的正统女皇帝。她执政近半个世纪，上承“贞观之治”，下启“开元盛世”。

4 米，八面各径 1.65 米。下为铁山，周长 56.1 米。用铜制蟠龙、麒麟萦绕铁山，天枢上置直径 10 米的腾云承露盘。四龙直立捧火珠，高 3.3 米。后来李隆基下令毁天枢，派工匠熔铜铁，愈月不尽。武曌时还铸有九州鼎、豫州鼎、馀州鼎等，鼎高均在 4.62 米以上，共用铜 28 0350 公斤。鼎上有山川、物产图案，整体雄浑壮伟、精美超俗。河北沧州现存的五代后周时期的铁狮，重 50 吨，是采用泥范铸造工艺铸造的。如果没有掌握成熟的技术，是难以完成的。

值得一提的是熔模铸造法。这种方法又称失蜡法、出蜡法或捏蜡法。唐代的铸钱业就采用了这种方法。《唐会要》卷 89 记载，“开元通宝钱”已使用熔模铸造法。这是有关“失蜡法”的最早文献记载。在当时的生产中，已使用了大型鼓风炉。《元和郡县图志》卷 14 记载，蔚州（山西灵丘）飞狐钱监利用水力鼓风机铸钱，每年铸钱 18000 贯，大大地提高了生产效率。

旅顺博物馆收藏有唐代的金属制品。据鉴定，当时已使用的金属有金、银、铜、生铁、熟铁和铝等。而这些金属制品的加工方法已相当精密，每件制品除了铸造、锻造之外，还采用手工打制、加工磨制并镀金、嵌银等。可见唐代的金属加工技术也取得了很大的进步。

陕西西安南郊何家村曾出土盛唐晚期（8世纪末）的金银器皿270余件，这批器物以錾金和浇铸为主，还采用了焊接、切削、抛光、铆、镀、刻凿等工艺。特别是在盆、碗、盘等器物上，有明显的切削螺纹痕迹。因其螺纹清晰、同心度较高，起刀、落刀点十分明显。表明当时已使用了简单的切削车床。这是我国在机械工程技术上的重大成果，在我国机械工业史上占有重要的地位。

（二）雕版印刷术的发明及作用

大约在1300年前，我国就发明了印刷术。据明代陆深《河汾燕闲录》卷上记载："隋文帝开皇十三年（593）十二月八（日）敕废像遗经，悉令雕撰，此即印书之始。"明代邵经邦的《弘简录》卷46中则记有:（唐太宗后长孙氏）崩（646）,"……宫司上其所撰《女则》十篇……帝览而嘉叹……令梓行之"。唐文宗太和九年（835）十二月二十九日，唐文宗李昂下令禁止各道私置日历版。这些历史记载说明，隋唐时代我国已发明了刻板印刷术，并已投入使用。

雕版印刷术的诞生是有其背景的。隋唐时期，随着经济的发展，人们对文化的需要更加迫切，对书籍的需求也大大增加了。当时手抄、人工誊写的方式已无法适应社会的需要，因此促进了印刷术的发明。另一方面，作为工艺技术

雕版印刷

雕版印刷在印刷史上有"活化石"之称，2006年被列为国家级非物质文化遗产。扬州是中国国内唯一保存全套古老雕版印刷工艺的城市。

之一的印刷术，所需要的物质条件已经逐渐具备，适合于印刷的纸和易溶不晕的烟炱墨都已产生。而且，公元七八世纪前出现的印章、拓石等多种复制文字、图画的方法已经成熟。例如，用印时先将印章沾上墨，再印到纸上，成为白底黑字状态，鲜明易读。而拓石的方法是将纸铺在石上，再在纸上刷墨，结果是黑底白字，不如白底黑字鲜明。因此，古人仿照印章的办法，将碑版的阳文正写换成阳文反写字，在版上加墨，使其转印到纸上，或是扩大阳文印章字面的面积，使之成为一块木版，并在版上沾墨铺纸，仿照拓石的方法进行印刷，便成为清晰悦目的白底黑字了。这就产生了由盖印和拓石两种方法相结合而形成的雕版印刷的最早期的形式，也基本确定了雕版印刷的操作方法。

雕版印刷所用的版料，大部分选用易于雕刻的枣木和梨木。方法是：将字先写在较透明的薄纸上，字面朝下贴到板子上，然后用刀将字刻出来；再在刻好的版上加墨，把纸盖在版上，用刷子轻匀地揩拭，揭下来。转印到纸上的文字就是正字了。

雕版印刷从它诞生之时起就与人们的生产、生活结下了不解之缘。大约在公元 762 年以后，长安城的商业中心东市就已经有印制的字帖、医书出售。20 多年后，还采用这一印刷技术，统一印制出带有红格的"印纸"，供商人交易纳税时作为记账凭证。

唐穆宗长庆四年（834）十二月十日，诗人元稹为白居易的《白氏长庆集》作序，序中就提到，当时扬州、越州一带很多人"缮写模勒"白居易以及他自己的诗集，并拿着这些诗集的印本换酒茶。这里面所说的"模勒"就是刊刻。这也是最早出现在古代文献中的印刷技术了。

公元 835 年左右，现在的四川、陕西南部、江苏北部和安徽一带，有很多人从事印刷业，印制日历，并在市场上销售。东川节度使冯宿为此上奏章说，剑南、两川及淮南道的百姓都用刻板印刷日历，在市上售卖，每年中央司天台还没有颁布新历书时，这些印好的日历已满天下皆是，这有损皇帝的“授民以时”的权威。据此奏请，文宗于公元836年一月二十一日，下令禁止各道私置历版。说明雕版印刷术已被民间广为采用。

雕版印刷术发明以后，其主要功能之一是印刷佛教经典、佛像和宗教画片等。1900年，在敦煌千佛洞发现了一册印刷精致的《金刚经》，经书末尾注有“咸通九年四月十五日王旻为二亲敬造”。咸通九年就是公元868年，这部唐懿宗李漼时期印制的《金刚经》是世界上最早的注有确切日期的印刷品。这册《金刚经》的开卷是释迦牟尼在祇树给孤独园说法图。这是一幅高33厘米、长33厘米多的木刻版画。释迦佛坐在中间举手示意，学生长老须菩提偏袒右肩，右膝着地跪在座前，合掌恭听。诸天神围绕，神态生动。《金刚经》全书字迹清晰、鲜明，雕刻精细、美观，墨色浓厚而均匀，图文浑朴。其雕刻的刀法纯熟、精湛，充分显示出唐代的刊刻技术已达到了炉火纯青的程度，反映出唐代已具有

《金刚经》

《金刚经》的全称是《能断金刚般若波罗蜜多经》，后秦鸠摩罗什翻译的《金刚般若波罗蜜经》法本是最早也是流传最广的译本。

很高的雕版印刷水平。

五代时期，已开始运用雕版印刷技术大规模刻印文集和古代书籍。前蜀乾德五年（923），四川和尚昙域刻印了其师贯休和尚的《禅月集》。而后，洛阳的文学家和凝也把自己的文集编辑成百卷本，并刻印出版流行于世。因为刊刻著作既可扬名当今，又可流芳后世，因此刊刻私人文集之风兴起。后蜀宰相毋昭裔在成都刊刻了《文选》《初学记》等书籍，并成为成都世代有名的出版家，毋昭裔是将私人刻书作为终生职业的第一人。

公元932年，后唐明宗时的宰相冯道看到吴（今江苏）、蜀（今四川）等地贩卖农书、历本、佛经、医书、字帖等书籍，但唯独没有儒家经典。为此他建议朝廷刊印九经。从此，印刷术正式成为官府封建文化的一种工具。到了宋代，雕版印刷技术更加成熟，雕版印刷业更加兴旺发达。

雕版印刷术发明以后，就逐渐向周边国家传播开来，世界各国的印刷术是在中国印刷术的影响下发生、发展起来的。雕版印刷术是人类历史上的最伟大发明之一，对世界文化的发展起到了巨大的推动作用。

（三）兴旺发达的造纸业及其技术成就

造纸技术是我国古代科学技术的“四大发明”之一。我国古代造纸业及其技术的发展，经历了从西汉至东汉的初制发育时期，西晋至南北朝的迅速发展期，隋、唐、五代及北宋的兴盛繁荣时期，南宋末年至元、明、清的缓慢发展时期。

隋唐时期，特别是唐太宗李世民统治时期，政治开明，民族团结，农业发达，工商业蓬勃发展，冶金、机械制造业不断进步，文化事业蓬勃、兴旺。尤其是印刷术发明后，更促进了造纸业的迅速发展，出现了造纸工业普及、造纸技术提高、纸的应用广泛的欣欣向荣的局面，开创并形成了造纸业的兴盛时期。

1. 遍及全国的造纸业

在唐代，造纸业已经是一种较为普遍的手工业了，造纸技术广为传播，遍及全国各地。据《新唐书·地理志》《元和郡县图志》等史籍记载，全国有 15 个地区掌握了造纸生产技术，兴办了造纸作坊。当时的常州、杭州、越州（浙江绍兴）、婺州（浙江）、衢州，安徽的宣州、歙州、池州，江西的江州、信州（上饶），湖南的衡州，四川的益州，广东的韶州（韶关），山西的蒲州，河北的巨鹿郡，都建立了官办和民营的造纸作坊。各地的造纸作坊，根据本地区的原材料资源，因地制宜，就地取材，使用的原材料品种很多，数量也有了保障。北宋苏易简在《文房四谱》中写道："蜀（四川）中多以麻为纸……江浙间多以嫩竹为纸。北土（河北）以桑皮为纸，剡溪（浙江）以藤为纸。海（广东）人以苔为纸。浙人以麦茎、稻秆为之……"苏易简的记述真实地反映出唐、宋时期造纸取材的多样性，说明当时已具备了相应的造纸技术。

唐代造纸业的产量大量增加，这从纸张的使用情况可见一斑。唐时整理了大量的古籍，重新加工整理疏注了几乎散失的"九经"，包括《仪礼》《礼记》《左传》《公羊传》《穀梁传》《易》《书》《诗》等，共计成书 360 卷。编著《晋书》《南史》《北史》《隋书》计 395 卷。唐玄奘法师花费 19 年时间，翻译梵文佛经 73 部，共 1330 卷。此外，唐代的书法、绘画、朝廷文治、民间记账、生产鞭炮、纸花、雨伞、纸扇、屏风、纸帽、字帖、窗画、裱糊、冥钱等，都大量地使用纸张。从上面几个事例中，即可略知唐代用纸数量的剧增，没有相当规模的生产能力，是难以满足这样大量的需求的。

2. 造纸品种明显增多

唐代的造纸原料品种多样，供应充足，相关的生产发展需求也不断发生变化。

为了适应多种需求的用纸，造纸作坊不断研究生产各具特色的新品种。《唐六典》记载：益州有大小黄、白麻纸，均州有模纸，蒲州产细薄白纸，杭、婺、衢、越等州有上细黄、白纸。如果按产地划分则有蜀纸、峡纸、剡纸、宣纸、歙纸；按原料命名则有楮纸、藤纸、桑皮纸、海苔纸、草纸；按制造工艺划分则有金泥纸、松花纸、五云笺、金粉纸、冷金纸、流沙纸；按质地分则有绫纸、薄纸、矾纸、玉版纸、锦囊纸、硬黄纸；依颜色划分则有红纸、青纸、绿纸、白碧纸等。其品种之多，数不胜数。

（1）麻纸

麻纸是以麻为原料制成的纸张。主要供官府作文书用纸。麻纸又有白麻纸、黄麻纸、五色麻纸三种，朝廷按照官员的官阶等级和文书类别予以采用。当时，以四川出产的麻纸最为著名。据《唐书·经籍志》记载，唐玄宗开元年间（713—741），西京长安和东京洛阳两地各编纂经、史、子、集四库书一套，共计 125960 卷，“皆以益州（四川）麻纸写”。

值得一提的是，我国古代造纸匠还发明并生产出了“防水纸”“防虫蛀纸”。扬州六合的麻纸不仅质量高，还具有防潮、防水性能。当时就有“年岁之久，入水不濡”的记载。唐高宗李治曾下诏令全国通用黄纸。这种纸在晋代就有生产，系用黄蘗汁浸染麻纸，因黄蘗中含有生物碱成分，主要是小蘗碱（即黄连素），所以能防虫蛀。这些技术成果充分说明当时的造纸技术已达到很高的水平。

（2）藤纸

藤纸始见于东晋，到了唐代已大量生产，主要产于浙、赣两省靠山近水的地区。藤纸颇为官府及文人所喜欢。唐李肇在《翰林志》中说：“凡赐与、征召、宣索、处分曰诏，用白藤纸。凡太清宫道观荐告词文，用青藤纸。敕旨、论事、敕及敕牒用黄藤纸。”这是官方对书写文书所用藤纸的规定。而文人仕子则以用藤纸为荣。唐顾况（725—805）赋诗《剡纸歌》一首，诗中写道：“剡溪剡纸生剡藤，喷水捣后为蕉叶，欲写金人金口经，寄与山阴山里僧。手把山中紫罗笔，思量点画龙蛇出，政是垂头蹋翼时，不免向君求此物。”字里行间充满着对藤纸的赞美之情。藤纸之所以受欢迎，是因为此纸的质量上乘。史载“剡溪古藤甚多”。剡溪即现在浙江嵊州市一带。这里靠山近水，出产藤树，是发展造纸业的理想之地。藤树皮的纤维长，故制成的藤纸性能好，质量较高。

（3）宣纸

宣纸是唐代创造的一种名纸，原产于宣州泾县（今属安徽），因

宣纸

宣纸是中国传统的古典书画用纸。作为中国传统造纸工艺之一，宣纸传统制作技艺 2006 年被列入首批国家级非物质文化遗产。

产地而得名。唐代宣州府盛产此纸，但据《宣城县志》记载，广德、郎溪两县也生产宣纸。但因宣纸多集中在宣城出售，由此均被称为宣纸。

宣纸是以青檀树皮为原料制作的。在生产时，选料严格，制作精细，胶汁使用得当，捞纸技术纯熟，晒纸工艺高超，从而保证了宣纸的质量。具有抗蛀不腐、水浸日晒不变色的性能和匀薄、洁白、坚韧、吸墨等优点，素以质地柔韧、洁白细腻、平滑匀整、色泽耐久而著称，获得"纸寿千年"的美誉。

宣纸有生、熟之别。"生宣"吸水性大，适用于山水、人物的写意画和书法；"熟宣"由生宣加工而成，适于工笔绘画。因宣纸是毛笔书画的理想纸张，所以流传至今盛名不衰。现代大书法家郭沫若生前为安徽泾县宣纸厂题词写道："宣纸是中国劳动人民发明的艺术创造，中国的书法和绘画离开它便无从表达艺术的妙味。"从艺术发展的角度，揭示了宣纸发明的重大意义。

（4）楮纸

楮纸是隋唐时代大量生产和广泛流行的品种之一。楮纸为楮皮所制，产品按不同工艺及产地分为"假山南"、"假荣"、"冉村"（又叫清水）、"竹丝"四个品种。"假山南"是一种宽幅纸，生产时不加淀粉；"假荣"纸幅较窄，制作时加淀粉；"冉村"即为冉村作坊所造；而"竹丝"则为龙溪乡所产。楮纸以蜀郡广都（四川双流区）的产品最为有名，主要用于薄、契、图、牒。也有不少人用此纸传印经、史、子、集，故有"败楮遗墨人争宝，广都市上有余荣"的赞美之词。

楮皮的纤维细长，所以楮纸质量好，便于二次加工。唐时许多名贵的纸都是用楮纸再加工而成的。唐宪宗李纯时期（806—820），女诗人薛涛把楮纸裁成窄幅，用一种红色的花汁，将其浸染成深红色的小纸笺，用于抄录短诗，被人称为“薛涛笺”。诗人李商隐作诗赞美“浣花笺纸桃花色，好好题诗咏玉钩”。

竹纸

竹纸是以竹子为原材料造的纸。2006 年 5 月 20 日，四川夹江县、浙江富阳区竹纸制作技艺经国务院批准列入第一批国家级非物质文化遗产名录。

（5）竹纸

竹纸是隋唐五代时期开发的新纸种。唐翰林学士李肇著《国史补》记载有“韶之竹笺”，说明此笺采用竹纸制作。从技术上讲，竹茎结构坚密，竹竿的纤维比较坚硬，化学成分较复杂，制作时打浆、帚化难度大，生产技术条件要求高，在积累了生产麻、楮、藤纸的经验，掌握了较高的生产技术之后，才有可能制造出竹纸来。初期的竹纸产于唐时韶州，也就是今广东韶关一带，这里气候温暖潮湿，有益于竹子生长，竹林资源丰富，因此得以迅速发展。到了宋代，竹纸生产在造纸业中已占有重要的地位，竹纸的发明与发展为我国造纸业开拓了广阔的前景。

（6）加工纸和“澄心堂”纸

唐代加工纸已十分盛行，蜀郡（今四川）生产一种叫“鱼子笺”的加工纸。纸面加工后呈霜粒状或鱼子状。晚唐陆龟蒙赋诗赞云：“捣成霜粒细鳞鳞，知作愁吟喜见分；向日乍惊新茧色，临风时辨白萍文。”白萍即鱼子，可见“鱼子笺”深受人们的欢迎和喜爱。

此外，唐代还生产出一种图纹加工纸，其加工方法是把各种颜色的云母粉末，涂在刻有各种花纹图案的木版上，然后，再将纸覆盖在木版上，经加压，纸面上就印上了花草、竹木、龙凤、云鹤等图纹，极为古朴、典雅，颇具艺术特色，不仅国内非常流行，也为朝鲜、日本等国人们所欢迎。

澄心堂纸是五代时期的名纸之一。五代南唐后主李煜（937—978）擅写诗词，喜欢收藏书籍和纸张，他将金陵官府的一幢房子命名为“澄心堂”，作为作诗藏书之地。李煜还特地令四川造纸工匠来到“澄心堂”，仿照蜀纸制成一种质地优良的新纸，并命名为“澄心堂纸”。因为澄心堂纸的质量非常好，以至一纸值百金，是纸品中的佼佼者。此后宋代、清代也都学习相关技术，生产并使用了这种纸。

3. 造纸技术的传播

我国的造纸技术一经发明，立即引起世界各国的重视。晋朝时造纸技术就开始向国外传播。当时一些书籍、字画等纸制品被带到国外，其后各国纷纷学习造纸技术。特别是隋唐时期与日本、阿拉伯地区交往频繁，更促进了造纸技术的迅速传播。据《日本书记》记载，推古天皇十八年（610）三月，即隋炀帝大业六年，中国的造纸技术传入日本。当时，高丽王派知《五经》、会制作颜料和纸墨的高僧昙征和法定将中国的造纸法传授给他们。而日本的摄政王圣德太子派人来中国学习种楮，为造纸准备了充足的原料。同时，兴建了造纸作坊。从此，日本掌握了中国的造纸技术。

在中国的造纸技术传入阿拉伯和欧洲之前，那些国家一直使用埃及的“纸草纸”。这是一种古老的书写材料，有人以为它是“纸”。其实，它是用一种纸莎草植物为原料，用挤出的糖质黏液将纸莎草粘成片，经风干、磨平而成。与我国古代的简牍相类似。因不具备纸的特点，所以不能叫“纸”。公元 751 年，中国的造纸法传入大食国的撒马尔罕。因为这一地区种植大麻、亚麻，又有河流，水源充足，中国的造纸工匠来到此地，帮助当地的阿拉伯人建立了造纸作坊，教会他们运用造纸技术。11 世纪，阿拉伯著名作家塔阿里拜在著述中说，正是在中国工匠的指导帮助下，纸才成为撒马尔罕的特产之一。并称赞这种纸很美观，又很实用。公元 793 年，阿拉伯王招聘了中国造纸的工匠，在新都巴格达建立了一座造纸场。两年后，在大马士革也开办了造纸场，因交通较方便，这些地方生产的纸大部分被运到欧洲。

公元 900 年，造纸法传入埃及开罗。18 世纪后，欧洲各国才出现了造纸工业。可见，隋唐五代造纸技术的发展与传播，对人类社会的文化进步和文明建设，以及经济的繁荣做出了伟大的贡献。

（四）绚丽多姿的纺织印染技术

“衣、食、住、行”，衣居首位。纺织品不仅是人类衣着的原料之一，也是我国古代对外贸易的主要商品。中国古代的纺织品一直以绚丽多姿而见称。隋唐时期，中国的纺织印染业十分发达，居世界领先地位。在生产过程中，创造了许多纺织新品种，发明了新的印染方法，对纺织、印染科学的发展产生了很大的影响。

1. 纺织业

隋代的纺织业已十分可观。河北、四川是纺织业的主要生产区域，所产的绫、绢、锦等纺织品质量都很高。苏州、南昌等地的纺织业也十分兴旺，当地纺织品原料供应充足，一年“蚕四、五熟”，织布工能夜中浣纱，次晨成布，形成有名的特产“鸡鸣布”。

唐代的纺织业更为发达。其产品品种极多，按材料分类有毛纺、麻纺和丝纺。就产品而言，有布、绢、丝、纱、绫、罗、锦、绮、绸、褐等。仅就麻布来讲，就有细白布、苎布、班布、蕉布、细布、丝布、纻布、竹布、葛布、纻练布、麻赀布、楚布等十几种。

唐代的纺织品不仅品种多，而且生产规模大、产量高。例如，当时的纺织中心定州，有一富豪何明远，开办一纺织作坊，置有绫机500张，其规模之大前所未有。另外，唐时有许多地区都形成了有自己特色的纺织名牌产品。如桂林产的“桂管布”、西州的毡、凉州的毹、兰州的绒，都行销全国。“桂管布”即木棉布，木棉纺织是晚唐时发展起来的一个纺织新品种。据载，唐文宗李昂时，夏侯孜穿桂管布衫入朝，李昂也仿效他，穿起桂管布的衣服，于是，满朝官员都争相效法，因此，桂管布价格骤然昂贵。唐朝比较有名望的产品还有明州产的吴绫，“凡数十品”，以及浙西产的缭绫，因其质地优良，备受人们欣赏。诗人白居易以《缭绫》为题描述“缭绫织成费功绩”“春衣一对值千金”。据《旧唐书》卷37记载，四川出产的金银丝织物，十分华丽。唐中宗李显之女安乐公主出嫁时，四川献上来的“单丝碧罗笼裙”，“缕金为花鸟，细如丝发，鸟子大如黍米，眼鼻嘴甲俱成，明目者方见之”。其产品精妙至此，可谓巧夺天工。反映出唐代纺织技术的高超水平。唐代的丝绸产品通过汉唐的“丝绸之路”远销西亚和欧洲、非洲等地，极受欢迎。他们把丝绸看作是“光辉夺目、人巧几竭”的珍品。这些珍品都是采用先进的生产工艺织造而成。1969年，在新疆阿斯塔那发现唐锦袜，在大红色袜底上织有各种禽鸟花朵和行云图案。这图案是采用纬锦法起花的。锦的织法有经起花和纬起花两种。前者是用两组或两组以上经线与同一组纬线交织，用织物正面的经浮点显示花纹、图案。纬起花法是用二组或二组以上的纬线同一组经线交织，用织物正面的纬浮点显花。这种织法的特点是容易变换色彩，图案色彩丰富。六朝以前的织锦以经起花为主，隋唐以后，则以纬起花为主。

此外，当时在麻织品的生产上也屡有创新，使麻织物更加丰富多彩。如嘉泰《会稽志》记载，浙江诸暨的“山后布”即“皱布”所用的麻纱，就专门增加了强拈，因此，织成的布精巧纤细，“盖亚于罗”。如果将这种苎麻织物放入水中，由于吸水收缩，便会形成颗粒一样的“谷纹”来。总之，隋唐时代的纺织技术已经具有很高的水平。

2. 印染技术

在发达的纺织业的直接影响下，唐代的印染业也有了迅速的发展，印染技术又有新的提高和创新。当时，官营的印染业分工很细，共设有青、绛、黄、白、皂、紫六作，可以同时染出各种美丽的彩色布匹。

隋唐时代很重视染料的研究。据《唐本草》记载，苏枋木是古代主要的媒染性植物染料，这种乔科树木中含有“巴西灵”红色素，可以对织物进行媒染染红。栌木和柘木中含有色素非瑟酮，染出的织物在日光下呈现带红光的黄色，在烛光下呈光辉的赤色，这种神秘性光照反差，使它成为古代最高贵的服装染料。据《唐六典》记载：“自隋文帝制柘黄袍以听朝，至今遂以为市”，到明代也是“天子所服”。又如，在新疆出土的刺绣品，底色就有大红、正黄、叶绿、翠蓝、宝蓝、绛紫、藕荷、古铜等。足见隋唐时的印染工匠们对颜料及染色工艺已有深刻的认识，并且掌握了很高的印染技术。

唐代还发明了许多新的印染方法。其中尤以夹颉和蔺缬两种染色法最有代表性。夹颉或称夹缬染色法，系以两块木板雕刻同样的花纹，然后着色，夹帛进行染色。同时也可多雕刻些木版，着两三种颜色重染。这种染色法萌芽于隋代，据《中华古今注》卷中记述：“隋大业中，炀帝制五色夹缬花罗裙，以赐官人及百僚母妻。”到唐代中期以后，夹缬染色法逐渐流行于全国。据《唐语林》卷四记载：“玄宗柳婕妤有才学……婕妤妹适赵氏，性巧慧，因使工镂板为杂花，象之而为夹缬。因婕妤生日，献王皇后一匹，上见而赏之，因敕宫中依样制之。当时甚秘，后渐出，遍于天下，乃为至贱所服。”

蔄缬就是蜡染法，蜡染时，在帛上先作图样，后依样布以密蜡，浸入染料中，待蜡脱落花样重现，再蒸而精制之。其蜡染法印染出的织物、服饰极具民族风格，千百年来一直为人们所喜欢。

夹缬、蔄缬染法的发明奠定了我国早期印染业的技术基础，是织染工匠们聪明才智的结晶，是我国印染生产技术的伟大发明。

（五）隋唐的造船技术成就

中国的造船业，历史悠久。原始社会晚期或奴隶社会初期，先民们就开始造木船。开辟了民族造船技术的先河。经历了秦汉、唐宋、明初等三个重要的发展时期，我国在造船技术方面取得了辉煌的历史成就。特别是隋唐时期，我国造船规模之大，技术之精湛、航驶性能之优异，均处于当时世界领先的地位。

1. 隋朝的五牙战舰与龙舟

与之前的朝代相比，隋代的造船业表现出明显的进步。无论是战船，还是皇家使用的龙舟都建造得很有特点，均属前所未有。据《资治通鉴》卷 176 记载，扬素在永安督造的战舰，船身高 17 米以上，上层建有五层楼，高 27 米有余，可容纳 800 名战士；战舰的前后、左右装有六枝拍杆，用于袭击敌船、拍打敌人。可见，隋代已具备建造大型战舰的技术水平。

古代的龙舟主要用于划船竞技比赛，据《旧唐书·杜亚传》记载：“江南风俗，春中有竞渡之戏，方舟前进，以急趋疾进者为胜。”人们又将这种活动与爱国诗人屈原联系起来。楚国诗人屈原于公元前 278 年五月初五投汨罗江殉节，当地居民担心水中的龙吞噬他的尸体，便将船装饰成龙状，驶到江面，敲锣打鼓，以驱散水中的龙。此后，为了纪念这位爱国诗人，民间每年都举行端午赛龙舟的活动。但是到了隋朝，龙舟

龙舟

龙舟是端午节竞赛活动时使用的龙形人力船只。2018 年 11 月 28 日，教育部办公厅公布，浙江大学、华中科技大学为龙舟中华优秀传统文化传承基地。

则成为帝王出游时的享乐工具。隋炀帝多次征用几十万民工，在江南采伐大批木料，为他建造龙舟及杂船万余艘。大业元年（605），隋炀帝为游扬州，下令建造龙舟、宫船，所建的龙舟高 12 米以上（隋代每尺折合现在 0.273 米），阔 13.6 米，长 54.6 米。船上建有四层楼。上层有正殿、内殿和东西朝堂；中间两层有 126 个房间，全部由金玉装饰，富丽堂皇。

隋代的战舰、龙舟船体很大。因此，建造时，要解决船体结构的强度问题。当时，造船的工匠们在总结前人建造大型船舶经验的基础上，采用在船底铺龙骨，沿船舷纵向铺设大欙，并用很多大木连接的办法，形成船体的主要受力构件。在船体的结构强度上，连接占有重要的地位，隋代龙舟就采用了榫接的办法，并用钉子加以固定。

为了保持大船的稳定性，防止倾覆，隋龙舟可能采用了压载法。公元 1147 年，宋代孟元老在《东京梦华录》中记载宋时金明池的大龙舟

“樘板到底深数尺，底上密排镁（古代铁钉）铸大银样，如桌面大者压重，庶不欹侧也”。这是世界上最早的压载方法的文字记载了。但因隋龙舟之大，如果不采用这种方法，是不可能平稳、正常行驶的。至于民间船只采用压载的时间则可追溯到更远的年代了。

隋代大龙舟、战舰的建造成功，充分表现了我国古代劳动人民在造船科技方面所具有的创造能力，其建造技术在当时世界上是无与伦比的。

2. 采用先进技术的唐代造船业

唐代的造船和航运事业已极为繁荣。据后晋刘昫的《旧唐书·崔融传》记载：“天下诸津，舟航所聚，旁通巴汉，前指闽越，七泽十薮，三江五湖，控引河洛，兼包淮海，弘舸巨舰，千舳万艘，交贸往来，昧旦永日。”其内河航运已遍及各江河湖海。唐代造船的产量和质量都有很大进步。刘晏在扬州曾设十所造船场，制造漕船，造船达 2000 多艘，每船可载米千石。唐代的远洋海船更驰名于世界。据阿拉伯人苏莱曼《东游笔记》说，李忱时，中国海船特别巨大，大者长 55 米以上，载客达六七百人，“货船大者受万斛也”。其载重量相当于现在的 500 余吨。波斯湾风浪险恶，只有中国的船只能航行无阻。因此各国商人多愿乘中国船只，阿拉伯运来的货物都装在中国船里。

在中国造船史上，还值得一提的是李皋创造的车轮战船。唐德宗时，工匠李皋（733—792），在总结江陵人民造船经验的基础上，制造成脚踏木轮推进船前进的战船。这种车轮战船，船身较小，不用风帆，船舷两旁各装一个车轮，轮上装有桨叶，用人脚踏动转轮，由轮上桨叶拨水，使船前进，也能“翔风破浪，疾若挂帆席”。《旧唐书·李皋传》记载了这项发明。这是世界上有关车船的最早记载，欧洲到了 15 世纪才出现了类似的车船，比李皋的车轮船要晚 800 多年。

唐代造船技术已十分先进，当时的船只已普遍采用钉接榫合法，而当时欧洲的船板连接办法还处在使用皮条绳索绑扎的阶段。如江苏如皋出土的唐代木船，船上共设九个舱，船底部采用三块木料榫合相接，两舷和船舱隔板以及船篷盖板均用铁钉钉合，两舷船板用七根长木，上下叠合成人字缝，以铁钉成排打入。铁钉断面呈方形，每根直径 0.5 厘米，长 16.5 厘米，钉帽直径 1.5 厘米，隔 12 厘米钉一根，上下两排交叉，相距 6 厘米。人字缝中间用石灰桐油填实，严密坚固。铁钉钉入船体后，外面嵌油灰并涂上桐油或漆，以防止铁钉受到腐蚀。

1960 年，江苏扬州施桥镇出土一唐代大型木船，船内有水密封舱壁，把船体内部分隔成许多部分。这种结构有效地保持了船的抗沉性，并成为我国木船建造的规范。这艘船的外板采用平接法。船内隔舱板及舱板枕木与左右两舷榫接。船舷由四根大木拼成平排钉合。穿钉工艺是先开 45 度斜孔，用长 17 厘米、帽径 2 厘米的铁钉沿孔洞打入，一穿二板，每隔 25 厘米钉一根，上下两排交错布钉。底部也采用这种平接工艺。这种平接法与搭接法相比，具有连接处不易松动、脱落，船体光顺、减小阻力的优点，而且节省木材，减轻船体自身重量。从木船的建造工艺和技术水平上讲都是很先进的。这种平接法，一直沿用至今。

总之，隋唐时代，我国在船舶制造技术和工艺水平上都取得了卓越的成就和长足的发展，在我国古代造船史和世界造船史上谱写了极其光辉的篇章。

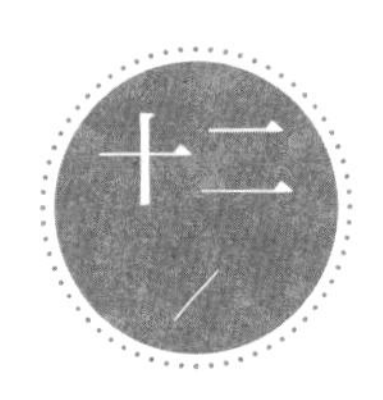

十二 结语

中国是世界重要的文明发源地之一。几千年来，勤劳勇敢的我国各族人民创造了光辉灿烂的古代科学文化。而隋唐五代时期的科学技术水平和成就则更为辉煌，远远超过了当时的欧洲而雄居世界前列。

隋代著名天文学家刘焯，用等间距二次内插法计算日月的运行、岁差，准确值高于欧洲；僧人一行开世界实际测量子午线先河；唐代著名数学家王孝通首次提出了三次方程式的正根解法，对古代数学方程式理论的发展做出了贡献；畲田技术的采用、曲辕犁的出现，以及由陆羽撰写的世界第一部茶业专著《茶经》的问世，在中国古代农业技术发展史上具有重要的意义；隋代开凿的贯通南北五大水系的大运河，以其工程巨大、开凿技术水平高超而闻名于世；隋代著名工匠李春筑起的赵州安济桥，至今仍为世界桥梁史上的典范；以规划严谨、规模恢宏而久负盛名的世界性大都会古长安，千年不衰，写下了中国古代建筑技术史上的壮美一页；在唐代，高宗命苏敬等人编著了《新修本草》，是世界上第一部由国家颁布的药典，丰富了中国医药学的伟大宝库；雕版印刷术和火药的发明更具有划时代的伟大意义。这些伟大的发明，对世界文明的发展、人类的进步做出了重大的、永不磨灭的贡献。

中国隋唐五代科技发展史，内容非常丰富，珠玑甚多，这增加了我们民族的荣誉感和自豪感。同时，我们也可从这些宝贵的科技遗产中汲取有益的经验教训。现代的科学技术比古代要进步、发达得多，我们回顾历史，旨在以古为鉴，启迪未来。古人讲，善读书者，何处非书也，见仁见智，重在善汲取。

科学技术是第一生产力。先进的科学技术是唐代强盛的重要原因，也是社会发展的根本动力。在撰写本分卷的过程中，这种认识不断升腾，并支配着我们去探索那些发明创造的奥秘。

但是，先进的科学技术何以形成呢？运用唯物史观的方法看问题，就不难发现，隋唐上升时期的社会改革，从某种意义上对于解放和发展生产力发挥了决定性作用，从而为科学技术的发展开辟了广阔的天地，使难以数计的科技人才和发明创造大量涌现，并且遥遥领先于世界各国。

隋唐五代的科技发展并不是一帆风顺的，特别在"安史之乱"至五代十国那段岁月，科技事业几近衰竭。这一事实，从反面警示后人，当人类进入阶级社会并出现政权统治以后，基本国策发挥着特别重要的作用，它既可以振兴科学技术，也可以毁灭美好的事物。因此，社会改革总是解放和发展生产力，推动社会发展的重要力量。这显然不能理解为"上帝的第一只手"，而是更有现实意义的伟大社会力量。当科技发展与社会改革这两种力量相辅相成的时候，一个灿烂辉煌的时代便会像朝日一样喷薄而出。